くわしい科学入門

# 大学の物理・力学

## 知っているようで知らないニュートンの世界

久田　旭彦

吉岡書店

# 目次

## 物理のための数学（微分方程式）

## 物理のための数学（ベクトルと座標系）

## 応用と発見

# はじめに

あなたはニュートンを知っていますか？

そう、「木から落ちるリンゴを見て地球の引力を発見した」というエピソードで有名な、あのニュートンです。

じつはこの説明、間違いです。

ニュートンは引力を発見した人ではありません。引力が万有引力であることを発見した人です。地上のりんごも天空の星々も、すべて同じ世界に存在しているという、現代的な宇宙観を最初に示した人こそがニュートンです。

また、彼が築いた学問を「力学」と言いますが、これも日本独自の翻訳です。英語に直せば、「力学」が力だけではない、もっと大きなシステムを扱う学問であることが見えてきます。（英語の答えは3ページへ。）

このように、誤解されがちなニュートンの世界。

「テストさえ解ければなんでもいいんじゃない？」と思うかもしれませんが、学んだ知識を使いこなしたり、その本当の価値に気づく為には、むしろこうした背景を知っていることの方が重要だったりします。

そこで本書では、

- 言葉や数式に関する背景知識を、ページ下のコラム欄で補足説明
- イラストは面白おかしく印象的に、図解は分かりやすくシンプルに
- 集中が途切れないよう、解説はページをまたがせない

などなど、楽しくストレスなく学べる工夫を随所に盛り込みながら、一歩ずつニュートンの世界を紐解いていくことで、初心者にとっては使える基礎知識が身につき、また、大人が読んでも発見がある、そんな解説を目指しました。

見た目はやさしく丁寧に、それでいて、中身はしっかり本格派。

科学の歴史や文化も学べて、使いどころがよく分かる。

そんな「くわしい科学入門」を、どうぞお楽しみ下さい。

# 序章

# 物理の世界

「ニュートン力学」では、次の三つのステップで物事を考えていきます。

1. 数式と図を使った「表現」
2. 計算を用いた「分析」
3. 自然法則の「発見」

この章では、この三つのステップを体験します。

「表現」する技術は、情報を整理したり伝えたりするのに役立ちます。
「分析」テクニックは、複雑な問題を解決するときに威力を発揮します。
そして、「発見」の感動は、あなたの心を豊かにしてくれることでしょう。

### i このコラム欄の使い方

各ページの一番下には、そのページのヒントになるような解説を載せています。
専門用語や数式で困ったときや、関連情報が気になったときに覗いてみて下さい。

## 0.0 「力学」は英語でなんという？

科学はグローバルな世界です。
それはきっと、あなたが想像している以上に“グローバル”です。
そこでさっそくクエスチョン！ 「力学」は英語でなんと呼ばれるでしょう？

… パワー ラーニング？
… スタディ オブ エネルギー？

いいえ、正解は「Mechanics」。「機構」とか「技巧」という意味です。
… え？ 力の学問じゃないのか、って？
そう、「力」は「力学」で学ぶことのほんの一部に過ぎません。

「力学」の目的は、自然の仕組み（機構）そのものを解き明かすこと。
そこには、自然現象を表現する方法から、数学を使った分析テクニックまであらゆる科学の基礎となる知恵と技術が詰まっています。
ところが、「力学」と翻訳してしまったせいで、ほとんどの日本人はそのことに気づいていないのです。

さあ、いっしょに自然の仕組みを解き明かしましょう！
そして、今まで気づいていなかった新しい「モノの見方」、新しい「世界観」を発見していきましょう！

**i 科学 (science)**

「science」の語源はラテン語の「scientia（知識）」で、その由来は「scindere（分割する）」。「分ける」ことから「分かる」につながる。「科」にも「系統立てて分類する」という意味がある。

## 0.1 物理的に表現する

まず最初に、「物理的」ってどういう意味でしょう？
叩いたり投げたりすれば物理的？　専門用語を使えば物理的？
いいえ、それは「物理っぽい」だけで、「物理的」とは違います。
物理の本質、それは「自然現象を数学で表現し、分析する」ことにあります。

たとえば、腕におもりをぶら下げていく場合、その量が増えれば増えるほど腕は「どんどん」重く感じます。直感的に伝えられる便利な表現です。
でも、この「どんどん」という表現、正確に状況を伝えられているでしょうか？
たとえば、おもりを増やしていったとき、一定の割合で重さが増えていくのと、途中から急に重みが増すのとでは、「どんどん」の意味合いは違うはずです。
また、その人の疲れ具合や腕の鍛え方によっても、「どんどん」の感じ方は違うかもしれません。
つまり、いつでも、どこでも、誰が見ても、同じ状況であることを表すためには解釈にあいまいさを残さない、より客観的な表現が必要になるわけです。
そこで役に立つのが数字と論理の世界、「数学」です。

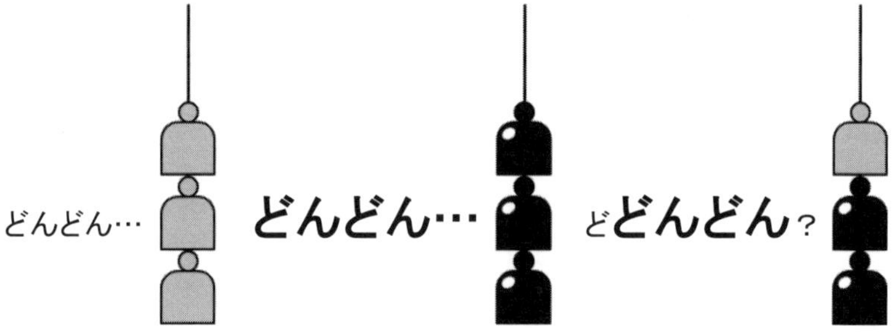


図0.1 「どんどん」ってどのぐらい？

**i 自然法則 (law of nature)**

自然現象を支配している関係性のこと。ここで言う「自然」とは、「我々を包み込む緑の大地」ではなく、「神が作りし人以外の世界、人と相対する存在」という西洋的なイメージを指す。

数学で扱う為には、現象を全て数値や記号に直さないといけません。

そこでまず、個人の主観に左右されない kg という「単位」を定義することで、物質の量、すなわち「質量」を「（数値） kg 」という形で表せるようにします。そして、$m = 1\,\mathrm{kg}, 2\,\mathrm{kg}, \cdots$ と質量を増やしながら、腕が受ける重さ=「重力」を測定していきます。（質量を表す記号には $m$ がよく使われます。）

すると、重力が $9.8\ \mathrm{m/s^2}$ の $m$ 倍のペースで増加することが分かります。これがいわゆる「重力加速度 $g = 9.8\,\mathrm{m/s^2}$ 」や「重力の式 $mg$ 」の由来です。

ちなみに、こうした物理定数や公式をはじめて見た人の中には、

『9.8 なんて半端な数字、誰が決めたんだ？　作者の意図が分からない。』

といって悩む人もいるかもしれませんが、分からないのは当然です。

なぜなら、これらはただの観測事実。数学を使って表現された「自然法則」に過ぎないからです。m （メートル）や s （秒）という単位を使って測定したところ 9.8 という数字が観測されただけで、そこに人間の意図なんてないのです。

というわけで、「物理的な表現」の基本は次の二つ。

1. 「単位」を定義し、数値と単位を使って「量」を表現する
2. 「現象」を観測し、数式と物理定数を使って「自然法則」を表現する

この二つさえできれば、あとは計算して分析するだけです。

## 0.2 物理的に分析する

さて、今度は「物理的に分析する」面白さを体験してみましょう。

突然ですが、クイズです！

「月の重力は地球の 1/6 しかありません。では、地球で 60 g の物体を月に持って行くと、はかりに表示される値は次のうちのどれになるでしょう？」

① 10 g　　② 60 g　　③ その他

**i 定義 （definition）**

言葉の意味を限定して他と区別できるようにすること。「define」の「de -」には「離れる」、「fin」には「終わり、限界」という意味があり、あわせて「分離して境界をはっきりさせる」となる。

①を選んだ人に聞いてみましょう。その理由は？

『重力が1/6 だから、はかりにかかる力も1/6。だから答えは10 g。』

そうですね、正解です。

では、②を選んだ人に聞いてみましょう。その理由は？

『月に合わせてはかりの設定を調整するはずだから、表示は60 g。』

なるほど。機械なんだからいつでも同じ値を表示するよう調整しておくべきだ、ということですね。たしかにそれなら 60 g は 60 g と表示されます。正解！

…　おや？　もっと学術的な答えもあるようです。

『質量はどこにいっても変化しない。だから 60 g のまま。』

なるほど、「重さ」を「質量」と読みかえたわけですね。確かにこれも正解です。

では、③を選んだ人はどうでしょう？　すると、こんな答えが返ってきます。

『使用するはかりの仕組みによって、10 g と表示される場合もあれば、60 g と表示される場合もある。だから答えは①と②の両方で③。』

…　んん？　ハカリ　ニヨッテ、チガウ！？　どういうことでしょう？

そのヒミツは、「物理的に分析する」ことで見えてきます。

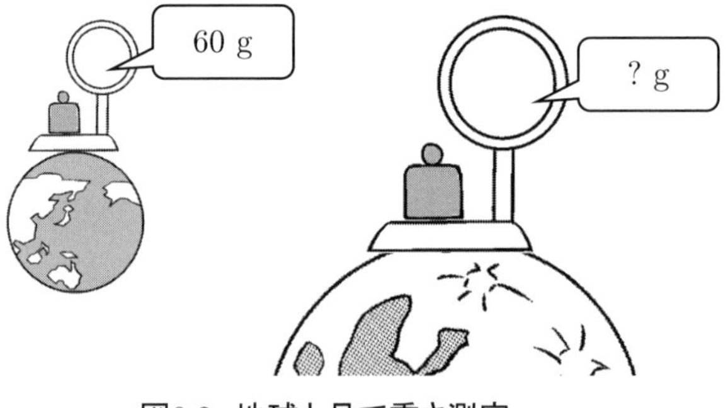


図0.2　地球と月で重さ測定

**i　月の質量　（「理科年表　平成29年」より引用）**

73,455,600,000,000,000,000,000 kg。
地球の質量の約0.0123倍。

チガウ「はかり」の正体、それは、バネばかりと天秤です。(図0.3)

まず、どちらの場合も物体は地面に向かって重力を受けます。これを0.1節で紹介した「重力の式」で表すと、「重力 $mg$ 」と書けます。

バネばかりの場合、物体はバネからも力を受けます。フックの法則と言って、バネに吊るされた物体には、「バネの長さの変化量 $x$ 」に比例して元に戻そうとする力、「復元力 $kx$ 」がかかります。(図0.3 (a))

「重力 $mg$ 」と「復元力 $kx$ 」がつりあうとき、すなわち、

$$mg = kx$$

となるとき、バネは静止しますが、ここで、地球の重力加速度 $g = 9.8\,\mathrm{m/s^2}$ に対して計算が楽になるよう、バネ定数 $k = 9.8\,\mathrm{kg/s^2}$ のバネを用意すれば、

$$9.8\,m = 9.8\,x$$

となり、「長さの変化量 $x$ がそのまま質量 $m$ を表す」はかりが作れます。

一方、天秤の場合、物体が受ける重力 $mg$ と反対の皿に乗せた質量 $M$ の分銅が受ける重力 $Mg$ のつりあいを調べます。(図0.3 (b))

$$mg = Mg$$

左右の皿にかかる重力加速度は等しいので $g$ は打ち消せます。その結果、$m = M$ となって、「分銅の質量 $M$ が物体の質量 $m$ を表す」というわけです。

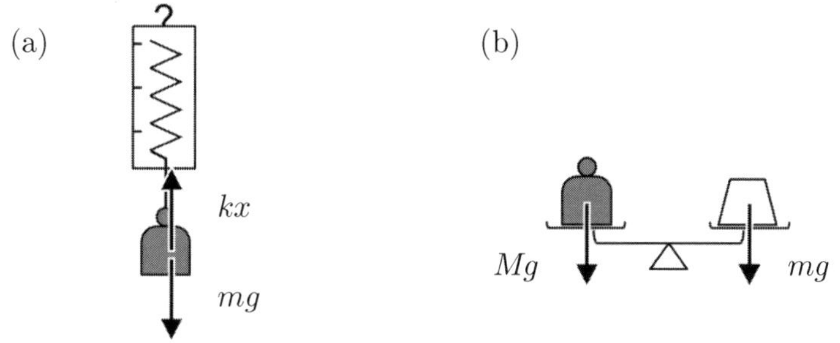


図0.3 二種類のはかり (a) バネばかり (b) 天秤

**i 月の半径 (「理科年表 平成29年」より引用)**

1737.4 km。

地球の半径の約0.272倍。

ここで、舞台を月に移します。

「月の重力は地球の1/6」。これを式で表現すると、次のようになります。

$$g_{\mathrm{moon}} = (1/6)\,g$$

つまり、地球の重力加速度が $g = 9.8\,\mathrm{m/s^2}$ だとすれば、月の重力加速度はおおよそ $g_{\mathrm{moon}} = 1.63\cdots\ \mathrm{m/s^2}$ というわけです。

これを使って二つのはかりを分析し直すと、不思議なことが起こります。

まず、バネばかりの場合。

先ほどと同様、バネ定数を $k = 9.8\,\mathrm{kg/s^2}$ とすると、

（地球でのつりあいの式）　$9.8\,m = 9.8\,x$　　$\therefore\ x = m$

（月でのつりあいの式）　$1.63\,m = 9.8\,x$　　$\therefore\ x = (1/6)\,m$

となります。つまり、バネの長さの変化量 $x$ は地球の $1/6$ になるわけです。

ここでバネばかりの仕組みを思い出すと、目盛りに重さの値は書かれているものの、実際に測っているのはバネの長さの変化量 $x$ です。目盛りはそれを $x = m$ という計算式に従って、重さの表示に変換しているだけなのです。

そのため、月では重さの「表示」が $1/6$ になり、①が正解となるわけです。

では、天秤の場合はどうでしょうか？

（地球でのつりあいの式）　$9.8\,m = 9.8\,M$　　$\therefore\ m = M$

（月でのつりあいの式）　$1.63\,m = 1.63\,M$　　$\therefore\ m = M$

となります。つまり、地球でも月でも同じ質量の分銅に対してつりあうことが分かります。当然ですが、分銅に刻まれた質量の値はどこで読もうと同じです。

そのため、読み取った質量は地球と同じになり、今度は②が正解となります。

ということは、答えを一つに絞れないという意味では、③も立派な正解であり、結局、①～③は全て正解となるわけです。 ね、不思議でしょう？

**i 日本各地の重力加速度 （「理科年表 平成29年」より引用）**

札幌　$9.8047757\ \mathrm{m/s^2}$、仙台　$9.8006583\ \mathrm{m/s^2}$、東京　$9.7976319\ \mathrm{m/s^2}$、福岡　$9.7962859\ \mathrm{m/s^2}$、鹿児島　$9.7947215\ \mathrm{m/s^2}$、那覇　$9.7909942\ \mathrm{m/s^2}$。

このように、学校のテストと違って、条件次第で正解がいくつも生まれるのが科学の面白いところです。

… と、ここで、『へぇ～、月って変な場所だな～』と思った、そこのあなた。変なのは月だけでしょうか？　地球の重力は世界中で同じでしょうか？

答えは「ノー」です。

同じ地球上でも、緯度や標高によって重力加速度は変化します。その差は最大で 0.5% 程度と、私たちの生活に影響することはほとんどありませんが大量の物資や微量な薬品、ナノテクノロジー（1 ナノメートルは$10^{-9}$ メートル）に用いられるような精密機器を扱う人々にとっては大問題です。（図0.4）

こうしたずれを修正し、様々な「量」を保証してくれるのが「国際単位系」です。

世界各国には「計量標準を管理する組織」があり、重力加速度の地域差をはじめとする様々な要因に対して国内の「はかり」の「単位」を校正することでそれらが常に世界中で同じ「量」を表すよう、チェックしてくれています。だから私たちは安心して海外の機器も利用できるのです。

人間どうしの取り決めだけでなく、地球（globe）の重力まで考えて「単位」を扱っているなんて、さすがは“グローバル（global）”な世界ですよね。

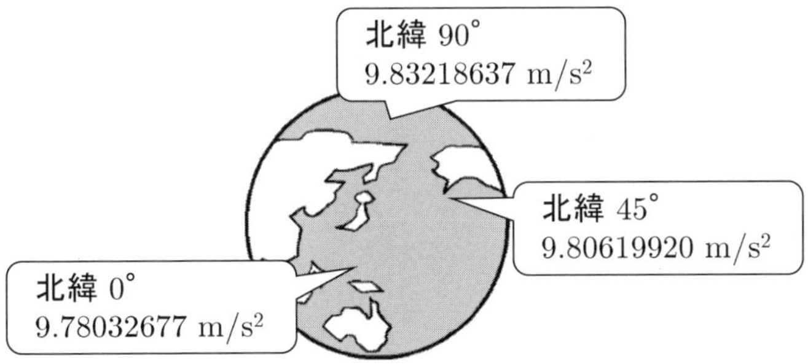


図0.4 緯度に対する重力の正規値（「理科年表 平成29年」より引用）

### i グローバル （global）

「globe」の意味は「球体、地球、天球」なので、その形容詞である「global」の意味は「球体の、地球規模の」となる。国どうしのつながりを意味する「international」よりも俯瞰的。

## 基本問題 0.1（SI 基本単位）

7個の SI 基本単位の物理量と単位記号を書け。(SI：国際単位系の略称)

… 解答 ……………………………………………………………………………………

| | | 物理量 | 単位記号 | |
|---|---|---|---|---|
| 国際単位系(SI) | MKSA単位系 | 長さ | m | メートル |
| | | 質量 | kg | キログラム |
| | | 時間 | s | 秒(second) |
| | | 電流 | A | アンペア |
| | | 温度 | K | ケルビン |
| | | 光度 | cd | カンデラ |
| | | 物質量 | mol | モル |

## 基本問題 0.2（SI 接頭語）

20個の SI 接頭語を書け。(SI 接頭語：km や cm における k（キロ）や c（センチ）の部分)

… 解答 ……………………………………………………………………………………

| 乗数 | 接頭語 | 記号 |
|---|---|---|
| $10^{1}$ | デカ | da |
| $10^{2}$ | ヘクト | h |
| $10^{3}$ | キロ | k |
| $10^{6}$ | メガ | M |
| $10^{9}$ | ギガ | G |
| $10^{12}$ | テラ | T |
| $10^{15}$ | ペタ | P |
| $10^{18}$ | エクサ | E |
| $10^{21}$ | ゼタ | Z |
| $10^{24}$ | ヨタ | Y |

| 乗数 | 接頭語 | 記号 |
|---|---|---|
| $10^{-1}$ | デシ | d |
| $10^{-2}$ | センチ | c |
| $10^{-3}$ | ミリ | m |
| $10^{-6}$ | マイクロ | μ |
| $10^{-9}$ | ナノ | n |
| $10^{-12}$ | ピコ | p |
| $10^{-15}$ | フェムト | f |
| $10^{-18}$ | アト | a |
| $10^{-21}$ | ゼプト | z |
| $10^{-24}$ | ヨクト | y |

## 基本問題 0.3（SI 組立単位）

SI 組立単位である N と Pa の読み方、物理量の意味、他の SI 単位による表し方を書け。

… 解答 ……………………………………………………………………………………

| 記号 | 読み方 | 物理量の意味 | SI 基本単位 | SI 組立単位 |
|---|---|---|---|---|
| N | ニュートン | 力 | $\mathrm{m\ kg\ s^{-2}}$ | - |
| Pa | パスカル | 圧力、応力 | $\mathrm{m^{-1}\ kg\ s^{-2}}$ | $\mathrm{N/m^2}$ |

**演習 0.1（単位換算）**

アメリカで普及しているヤード・ポンド法は、国際単位系(SI)では次のように換算できる。

1 inch = 2.54 cm 、1 foot = 30.48 cm 、1 yard = 91.44 cm 、1 mile = 1.61 km

(1) 1 foot を inch に換算せよ。　(2) 32 inches を cm に換算せよ。

(3) 1 yard を feet(foot の複数形)に換算せよ。(4) 88 miles を km に換算せよ。

**演習 0.2（単位の社会的影響）**

那覇の重力加速度は 9.7909942 m $s^{-2}$ 、札幌の重力加速度は 9.8047757 m $s^{-2}$ である。

(1) 那覇で物体が受ける重力は、札幌で物体が受ける重力よりも何%小さいか？

(2) (1) を考慮せずに札幌から那覇へ 1 トンの金塊を運ぶと、どのような問題が起こりうるか？

以下、重力加速度を $g = 9.8\,\mathrm{m\,s^{-2}}$ 、有効数字2桁として問いに答えよ。

**演習 0.3（力の単位 N）**

(1) 1 kg のおもりを手で支えるとき、手がおもりから受ける重力は何 N か？

(2) 0.98 kN の力が加わると破断するロープがある。これにそっと荷物を吊り下げる場合、何 kg 以上の荷物を吊り下げたら破断してしまうか？

**演習 0.4（圧力の単位 Pa）**

5 トンのおもりを乗せるのと同等の力をかけられる油圧プレス機がある。

(1) 5 トンのおもりを床に置いたとき、おもりにかかっている重力は何 kN か？

(2) 49 kN の力を面積 1 $\mathrm{cm^2}$ の面にかけた場合、圧力は何 MPa になるか？

(3) 49 kN の力を受圧面積 15 $\mathrm{cm^2}$ のプレス機で発生させる場合、油圧は何 MPa になるか？

(4) 1999年以前の圧力計には、単位に kgf/$\mathrm{cm^2}$ を使用しているものがある。1 kgf/$\mathrm{cm^2}$ とは、1 kg のおもりを面積 1 $\mathrm{cm^2}$ の面に乗せたときの圧力である。1 kgf/$\mathrm{cm^2}$ は何 MPa か？

… 解答 …………………………………………………………

**演習 0.1**　(1) $1\,\mathrm{foot} = 12\,\mathrm{inches}$　(2) $32\,\mathrm{inches} \times 2.54\,\mathrm{cm/inch} = 81.28\,\mathrm{cm}$

(3) $1\,\mathrm{yard} = 3\,\mathrm{feet}$　(4) $88\,\mathrm{miles} \times 1.61\,\mathrm{km/mile} = 141.68\,\mathrm{km}$

**演習 0.2**　(1) $9.7909942\,\mathrm{m\,s^{-2}} \div 9.8047757\,\mathrm{m\,s^{-2}} = 0.998594409\cdots$ より、0.140559%小さい。

(2) $10^3\,\mathrm{kg} \times 0.00140559 = 1.40559\,\mathrm{kg}$　より、1.4 キログラム軽くなったように見える。

**演習 0.3**　(1) $1\,\mathrm{kg} \times 9.8\,\mathrm{m\,s^{-2}} = 9.8\,\mathrm{kg\,m\,s^{-2}} = 9.8\,\mathrm{N}$

(2) $(0.98 \times 10^3\,\mathrm{N}) \div 9.8\,\mathrm{m\,s^{-2}} = 100\,\mathrm{kg}$

**演習 0.4**　(1) $(5 \times 10^3\,\mathrm{kg}) \times 9.8\,\mathrm{m\,s^{-2}} = 49 \times 10^3\,\mathrm{N} = 49\,\mathrm{kN}$

(2) $(49 \times 10^3\,\mathrm{N}) \div (1 \times 10^{-4}\,\mathrm{m^2}) = 49 \times 10^7\,\mathrm{N\,m^{-2}} = 490\,\mathrm{MPa}$

(3) $(49 \times 10^3\,\mathrm{N}) \div (15 \times 10^{-4}\,\mathrm{m^2}) = 3.3 \times 10^7\,\mathrm{N\,m^{-2}} = 33\,\mathrm{MPa}$

(4) $1\,\mathrm{kg} \times 9.8\,\mathrm{m\,s^{-2}} \div (1 \times 10^{-4}\,\mathrm{m^2}) = 9.8 \times 10^4\,\mathrm{kg\,m^{-1}\,s^{-2}} = 0.098\,\mathrm{MPa}$

# 第1章

# ニュートンの運動の法則

力と物体の運動の関係をまとめた「ニュートンの運動の法則」は、物体の個数と力の性質にもとづいて整理されています。

| | | |
|---|---|---|
| 第一法則 | 物体が 1 個 | 力がゼロ |
| 第二法則 | 物体が 1 個 | 力がゼロでない |
| 第三法則 | 物体が 2 個 | 二つがお互いに力を及ぼしあう |

なお、物体が 3 個以上の場合はありません。というのも、2 個ずつの組み合わせを順々に選べば、何個の場合にも対応できるからです。

**i コペルニクス・ニコラウス (1473 - 1543)**

ポーランド出身の数学・天文学者。亡くなる間際に『天体の回転について』を出版し、地球やその他の惑星がすべて太陽を中心に回っていると主張した、地動説の提唱者。

## 1.0 説明できる？ 地動説

私たちは、地球やグローバルと言う言葉を当然のように使っています。「地球は丸いし、動いている」。こんなの小学生でも知っている常識です。

でもちょっと待った！ 足元の地面が動き続けているなんて荒唐無稽な話、あなたは本当に信じられますか？

だって、地面が動いているなら、体が地面の動きを感じるはずです。

それに、飛び上がった鳥は地面に置き去りにされるはずだし、建物の上から物を落とせば、その落下地点は真下からずれるはずです。

でも、鳥や落下物が流される様子なんて、強風でも吹かない限り、見たことないですよね？

ではやはり、地面は動いていないのでしょうか？

これがいわゆる地動説と天動説の論争です。地球と太陽、どちらが世界の中心かという、見た目だけの言い争いではなかったのです。

さあ、あなたならこの問題、どうやって説明しますか？

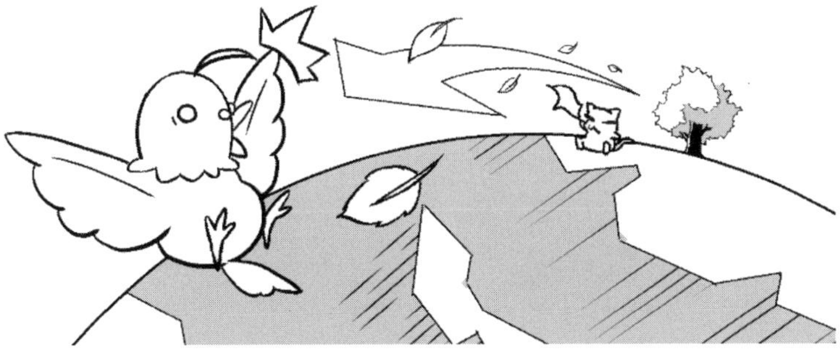

図1.1 とり残される !?

**i 名言・格言 (by アインシュタイン)**

「6歳の子供に説明できなければ、理解したとは言えない。」

## 1.1 運動の第一法則（慣性の法則）

こうした論争に対して、1632年、ガリレオは「天文対話」を発行します。そしてその中で、『円運動する物体はその運動を維持する性質がある』と説明します。（ガリレオは、終点のない円運動のことを特別な運動と見なしていました。）

これを直線運動の法則へと修正したのが、デカルトとニュートンです。

**【運動の第一法則（慣性の法則）】**
**物体に働く外力の和がゼロの場合、止まっている物体はそのまま止まり続け、直線上の一様な運動をしている物体はそのままの運動を続ける。**

この「慣性の法則」があれば、さっきの質問にも答えられます。つまり、『鳥も落下物も、最初の時点で地面と同じ速さで動いているので、途中で地面から離れたとしても、地面と並んで動き続けられる』 というわけです。

やったー！　これで天動説派を論破できたぞ！　… と喜んだのも束の間、じつはこの法則、必ずしも地動説の味方というわけではなかったのです。

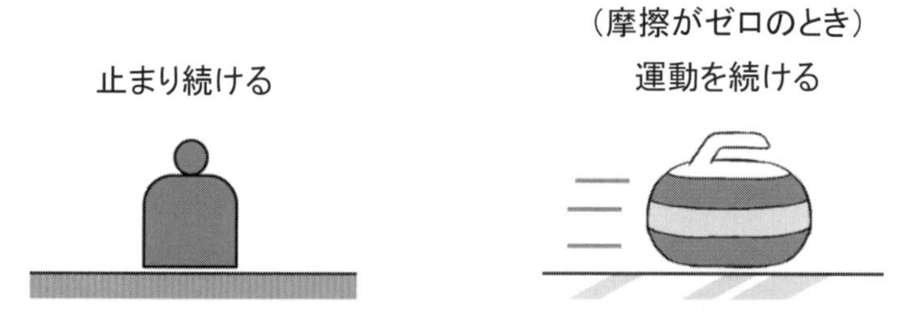


図1.2 慣性の法則

**i 「天文対話」**

1632年刊行のガリレオの著作。当時、専門家が用いていたラテン語ではなく、一般市民が読めるイタリア語で書かれていたことから、地動説の普及に大きな影響を与えた。

もう一度「慣性の法則」を見てみましょう。
『動いているものはそのまま動き続ける』 だけでなくこうも言っています。
『止まっているものはそのまま止まり続ける』 と。
つまり、地球は動いていても構わないけれども、止まっていたって構わないわけです。これではどちらが正しいのか分かりません。
結局、動いているのかいないのか、どちらなのでしょう？

結論だけ言うと、動いています。
その運動の軌道を導き出したのが、ケプラーであり、
望遠鏡を使って目に見える証拠を発見したのが、ガリレオであり、
彼らの成果から「万有引力の法則」を導いたのが、ニュートンです。
さらに、コリオリ、フーコー、ベッセルといった多くの科学者による計算と実験と観測の末に、現在の地動説は形作られてきました。

… え？ 人名はいいから早く答えを教えろ、って？
それが、そんな手短には説明できないのです。
ケプラーの法則については7章で、ガリレオの業績については1章と7章で、「万有引力の法則」と、それを導く為に必要な「運動の法則」や「運動方程式」については1～7章で解説します。
コリオリ、フーコー、ベッセルについては最後の8章で紹介します。
つまり、この本のほぼ全てが地動説の証明というわけです。
なお、読み物としての説明だけで良ければ、7.0節と8.10節がおすすめです。地動説の簡単な歴史と証拠は、ここにまとめてあります。
ですが、結論に至るまでの分析や計算、発見こそが、科学の本来の面白い部分なので、ぜひこのまま続きを楽しんでもらえたらと思います。

**i ガリレオ・ガリレイ（1564 - 1642）**

イタリア出身の数学・天文学者。振り子の等時性や落体の法則など、運動と慣性の法則につながる様々な法則を発見する。望遠鏡を使った天体観測を初めて行ったことでも有名。

## 1.2 運動の第二法則（運動の法則）

さて、ここからは本格的に、「運動の法則」について解説していきます。
さっそくですが、物理における「力」とは一体、どういうものでしょう？
筋肉？ パワー？ エネルギー？
いいえ、「力」は英語で「Force」です。
（「power」や「energy」だと、別の物理量になってしまいます。）
では、「Force」とは何でしょう？ 辞書にはこんな感じで書かれています。
『力とは物体の運動を変化させる物理量である。』
う～ん、よく分かりません。そこで、こんな実験を考えてみたいと思います。

（実験1）
ピンポン玉とボーリング玉を天井からぶら下げて手で押した場合、
動きにくいのはどちらでしょう？

… ボーリング玉の方が動きにくそうですね。
つまり、重い物体ほど「動かない」ようです。

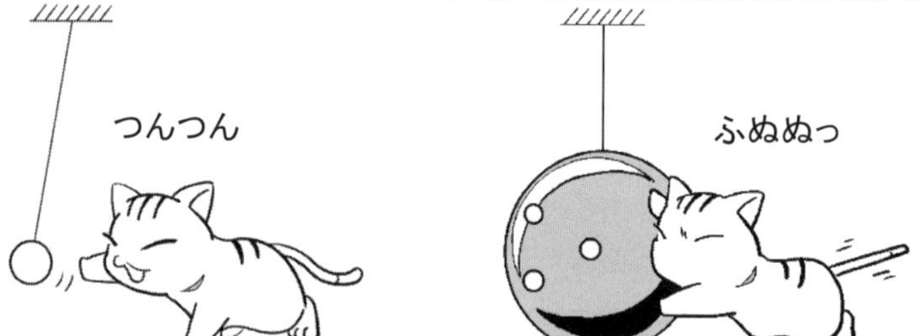


図1.3 重い物体ほど「動かせない」

### i 仕事率（power）

ある物体が1 秒あたりにする「仕事」の大きさを表す物理量。
単位は W（ワット）。

（実験2）

ピンポン玉とボーリング玉がこちらに向かって動いてきた場合、
押さえても止まりにくいのはどちらでしょう？

… ボーリング玉の方が止まりにくそうですね。
つまり重い物体ほど「止まらない」ようです。

あれ？「動かない」のに「止まらない」？ なにか矛盾しています。
もう一度、落ち着いて考えてみましょう。
止まっている玉を押したら、勝手に「動いた」のでしょうか？
いいえ、「動かした」のです。重い物体は、「動かしにくい」のです。
向かってきた玉を押さえたら、勝手に「止まった」のでしょうか？
いいえ、「止めた」のです。重い物体は、「止めにくい」のです。

「動かしにくい」も「止めにくい」も、「速度を変化させにくい」ということです。
つまり、「重い物体ほど、速度を変化させにくい」。
これこそが、重さと速度の間に成り立つ関係性だったのです。

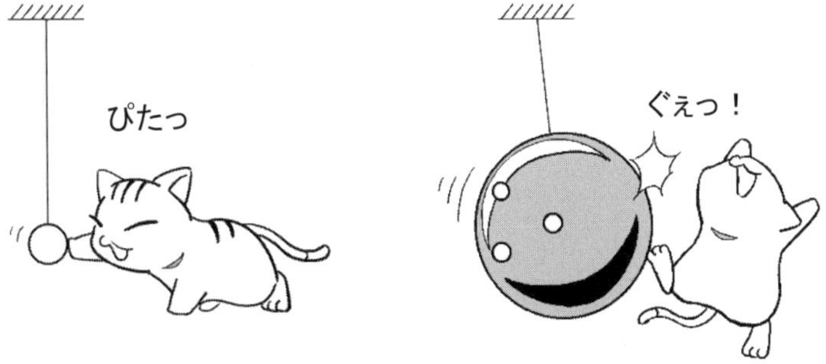


図1.4 重い物体ほど「止められない」

**i エネルギー（energy）**

ある物体が「仕事」をすることができる能力の大きさを表す物理量。
単位は J（ジュール）。

この関係性を数式で表現してみましょう。

物理では、スピードアップ、スピードダウンに関わらず「速度の変化」のことを「加速」と呼びます。そして、「速度の変化の大きさ」を「加速度」と呼びます。

ここで、「加速度」を acceleration（加速）の頭文字をとって $a$ で表すことにし、「重さ」を mass（質量）の頭文字をとって $m$ で表すことにします。するとさっきの関係性は、『$m$ が大きくなるほど $a$ は小さくなる』と書き直せます。

… ん？ この表現、数学で見たことがありませんか？ そう、「反比例」です。

2 乗や 3 乗がつく可能性はありますが、それでも、$ma =$（一定）のような式で書くことができるならば便利です。

というわけで実際に、質量と（重力）加速度の関係性を調べてみましょう！

この本を持ち上げて… 落とす！

はい、$m$ と $a$ の関係、分かりましたか？ …って、無理ですよね、速すぎて。

そこでガリレオは、斜面を使って落下速度を遅くしたり、水の流量を利用して落下時間を測れるようにして、「実験」を行うことで、次の法則を発見しました。

**【 落体の法則 】**

**落下する物体の移動距離 $x$ は、落下した時間 $t$ の 2 乗に比例する。**

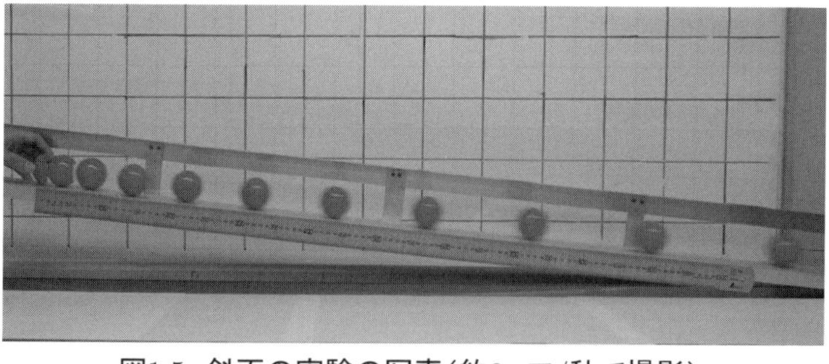

図1.5 斜面の実験の写真（約6コマ/秒で撮影）

**i 実験（experiment）**

自然現象をそのまま観察するのではなく、仮説の検証に適した状況を人為的に用意してその中で観察・計測を行うことで、法則を調べる研究手法。17世紀にガリレオが編み出した。

え？ $m$ も $a$ も出てこないじゃないか、って？

その通り。これはまだ実験結果を数学的に「表現」しただけです。

ここからさらに「分析」することで、質量と加速度の関係が現れます。

詳しくは 2 章で解説しますが、ニュートンは微積分の手法を編み出すことで $m$ と $a$ が単純な反比例関係にあることをつきとめました。つまり、

$$ma = (一定)$$

です。ところで、一定値があるならば名前もあった方が便利ですよね？

そこで、この一定値に名前がつけられました。「力(Force)」です。つまり、

$$ma = F$$

というわけです。(Force の頭文字をとって $F$ という記号で表されます。)

このように、質量と加速度の関係性を表す中で名づけられた概念上の存在、それが「力」だったのです！

この「力」を使って、運動の法則は次のように書かれます。

**【運動の第二法則（運動の法則）】**
**物体に働く外力の和(合力)がゼロでない場合、物体は合力が働く直線方向に加速する。加速度 $a$ は合力 $F$ に比例し、質量 $m$ に反比例する。**

… と、ここまで 4 ページも使って「力(Force)」の定義を説明してきましたが、言葉はそれぐらい慎重に扱わなければなりません。なぜなら、専門用語の中には、日常語と同じ文字なのに違う意味で使われているものがあるからです。

「力」という単語がまさにそう。気力、体力、精神力といった言葉があるように、日常語における「力」は、「内に秘めたる能力」という意味でよく使われます。

でもこれ、「外からの作用」を意味する「力(Force)」とは逆の概念ですよね？

というわけで、ここから先は頭の中で、「力」=「外からの作用」という意味に置き換えながら、力学を見ていきましょう。

**i 実演（demonstration）**

目の前でやって見せることで、興味をひいたり、親しみを感じてもらおうとする手法。
科学ショーなどで行われる面白おかしい演示実験は、実験というよりも実演に近い。

## 1.3 運動の第三法則（作用反作用の法則）

今度は物体が二つある場合を考えます。図1.6 の左図のように、二人の人がお互いを押しあう様子を想像して下さい。自分も相手も互いに逆向きに「力」=「外からの作用」を受けますよね？ これが「作用反作用の法則」です。

**【運動の第三法則（作用反作用の法則）】**
**物体 A が物体 B に力（作用）を及ぼすとき、物体 B も物体 A へ力（反作用）を及ぼす。この作用と反作用は大きさが等しく、同一直線上で反対向きを向く。**

ここで大事なのが、『二つの物体は接触していなくてもいい』という点です。
たとえば、万有引力。月が地球に引っ張られるとき、地球もまた同じ力で月に引っ張られます。このとき、月と地球は接触していないし、二つの星の間は真空で、力を伝える物質も存在していません。でも、力は伝わります。
このように、二つの物体の間に力が働くとき、それらが互いに接触していても接触していなくても成り立つ法則、それが「作用反作用の法則」です。

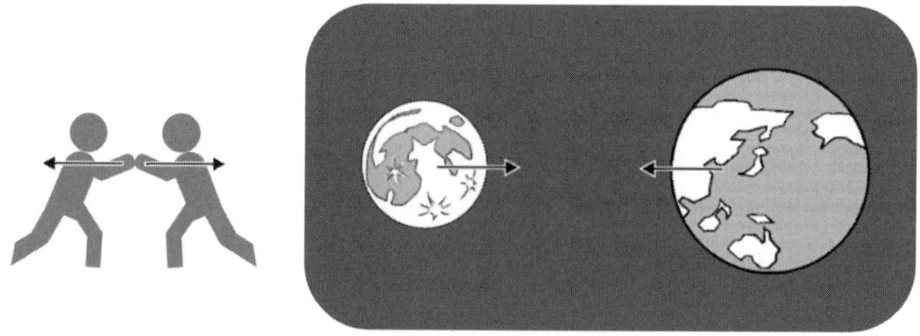

図1.6 作用反作用の法則

**i 遠隔作用（action at a distance）**
離れた物体の間を、力を伝える媒体が存在しないにも関わらず、直接伝わる作用。
何もない空間を瞬時に伝わる万有引力を説明するため、ニュートンが考案した。

【力学における図の描き方】

この先、力や速度、座標軸を、矢印（ベクトル）を使って表現する機会が増えていきます。図の描き方は人によって様々ですが、この本では、次のルールに統一します。（見やすさの都合で多少ずらす場合もあります。）

「力の矢印」…

力を受けている箇所にかかわらず、すべて物体の重心から引きます。
理由は、物体を「質点」（大きさのない質量だけの点）と見なすからです。

「速度の矢印」…

物体のそばに、進行方向と平行に描きます。
このとき、力の矢印と区別できるよう、物体とは重ならないようにします。

「座標軸」…

図や他の矢印と重ならないよう、向きにも気をつけて描きます。
運動方程式における正の向きは、この座標軸によって決まります。

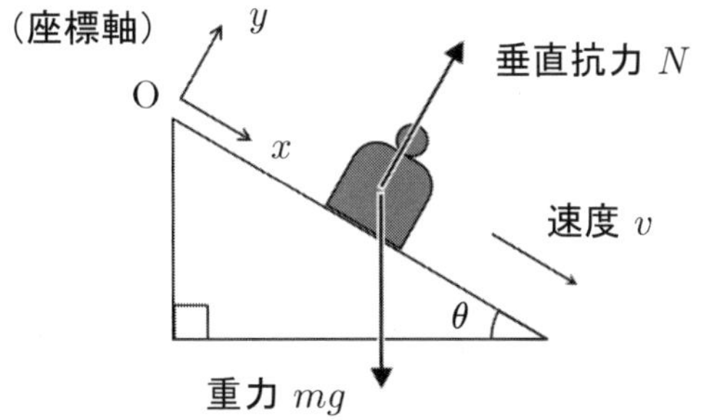


図1.7 図の描き方（斜面の運動の場合）

**i 近接作用（action through medium）**

離れた物体の間を、なんらかの「場」を仲介として伝わる作用。
時間をかけて伝播するクーロン力を説明するため、ファラデーが考案した。

## 1.4 法則は組み合わせて使う

こうして出揃った三つの運動の法則ですが、実際の現象に照らし合わせると予想と結果が一致しないことが多々あります。

そんなときこそ、見落としていた法則や力を発見するチャンスです。

多くの自然現象は、複数の法則や力の組み合わせで起きています。それをきれいに解きほぐしていくのが物理学の醍醐味です。

たとえば、地球と太陽における「作用反作用の法則」。(図1.8)

『作用反作用の法則によって逆向き同じ大きさの力が作用すると言うけれど実際は地球しか動かないじゃないか』と思ったかもしれません。

そう考えた人は、「運動の法則」を見落としています。

$ma = F$ という式で書いたように、同じ大きさの力 $F$ が作用した場合でも、質量 $m$ の大きさに反比例して加速度 $a$ は減少します。

実際、太陽の質量は$1.988 \times 10^{30}$ kg、地球の質量は$5.972 \times 10^{24}$ kgであり、その比は数十万倍にもなります。その為、これに反比例する太陽の加速度は地球の数十万分の一となり、ほとんど動いていないように見えるのです。

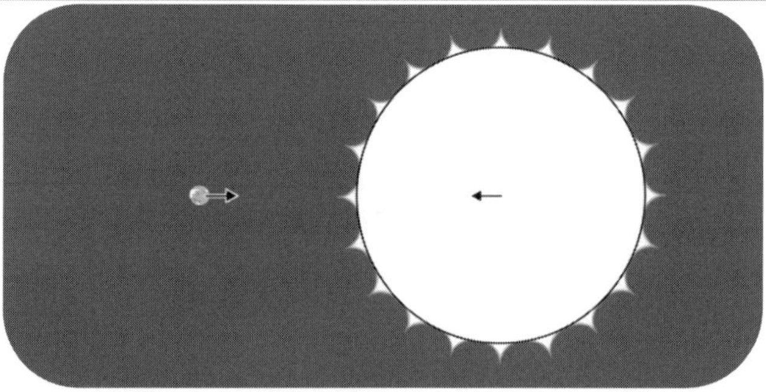

図1.8 地球と太陽の作用反作用の法則

**i 名言・格言 (by フェルミ)**

「実験には二つの結果がある。もし結果が仮説を確認したなら、君は何かを計測したことになる。もし結果が仮説に反していたら、君は何かを発見したことになる。」

また、三つの法則は考える順番も大切です。

おすすめは、慣性の法則、作用反作用の法則、運動の法則、の順番です。

たとえば、小型車（質量 $m$ ）が大型車（質量 $M$ ）をロープで引っ張る問題。

まず、小型車が加速しているならば、慣性の法則ではありません。そこで、合力がゼロにならないよう、小型車を前進させる力 $F_{小型車}$ とロープの張力 $T$ を違う長さで描きます。（$F_{小型車}$ − $T$ が正になるよう、$T$ は小さめに描きます。）

次に、作用反作用の法則により、大型車には右向きの張力 $T$ が働きます。

最後に、二台一緒に動くので加速度を同じ $a_0$ で表せば、運動の法則より、

（小型車） $ma_0 = F_{小型車} - T$

（大型車） $Ma_0 = T$

と書けます。ここから $a_0 = F_{小型車}/(m + M)$ などの関係式も導けます。

もしこれを運動の法則から考えようとして、小型車に小さい矢印、大型車に大きい矢印を描いたとすると、おかしなことになります。

この場合、作用反作用の法則で、大型車を前に引くのと同じ大きさで逆向きの張力が小型車を後ろ向きに引くことになります。すると、小型車に働く合力は後ろ向きに正になり …って、これでは大型車とぶつかってしまいます！

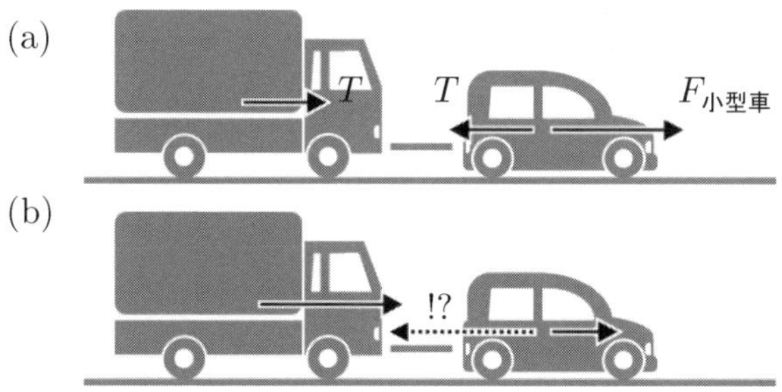


図1.9 小型車が大型車を引っ張る (a) 正しい図 (b) 間違った図

**i 張力 (tension)**

ロープをぴんと張ったとき、ロープを構成する各粒子が、断裂を防ぐように互いに引き合う力。「ロープが物体を引く力」の意味でも使われる。主語が自分ではなくロープである点に注意。

## 1.5 垂直抗力による力のつりあい

さて、ここまでは、『三つの運動の法則を正しく扱えば、あらゆる運動が説明できる。』そう信じて見てきましたが、ときには特殊な力を持ち出さないと説明できない現象があります。その一つが「垂直抗力による力のつりあい」です。

たとえば、様々な重さのおもりが、地面に置かれていたとします。

それぞれ違う大きさの重力が働いているにもかかわらず、どれ一つ地面に沈んで行きません。つまり、上下方向の力がつりあっています。このことから、「おもりが地面へ沈むのを阻止するような上向きの力が存在し、その大きさは重力とつりあうよう調整されている」ことに気づきます。これが「垂直抗力」です。

このとき、逆向きで同じ大きさの力と聞いて、垂直抗力のことを重力に対する反作用だと勘違いする人がいるようですが、それは間違いです。地球による重力に対する反作用は、おもりによる重力です。一方、地球からの垂直抗力に対する反作用は、おもりからの垂直抗力です。垂直抗力はあくまで反発力。重力と反発力がつり合って、おもりも地球も静止しているだけなのです。

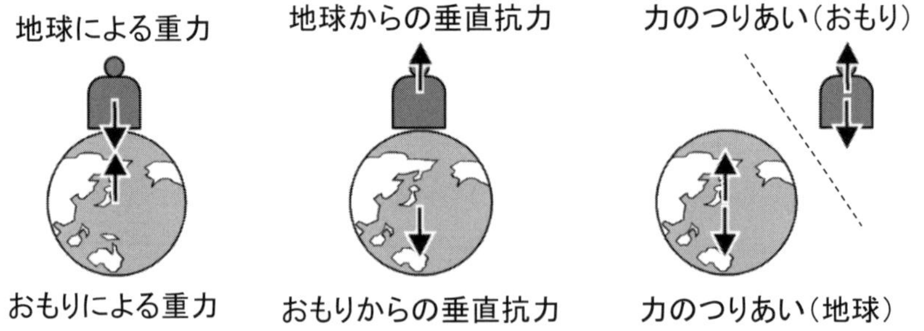


図1.10 重力、垂直抗力、力のつりあい

**i 垂直抗力 (normal force)**

物体が面に沿って静止または運動しているとき、面に垂直な方向の合力がゼロとなるように垂直抗力 $N$ が働く。$N$ は正にしかなれず、計算上 $N<0$ となる場合、物体は面から離れる。

ちなみに、重力以外の力で壁や天井に物体を押しつけたとしても、垂直抗力による力のつりあいは成り立ちます。

たとえば、この本を手に取って、壁に押し付けたとします。(図1.11 (a))

手が本を押す力だけだと本は壁にめりこんでいくはずですが、同じ大きさの垂直抗力が壁から本に働くことで力はつりあい、本は壁の手前で静止します。

これは天井でも同じこと。(図1.11 (b))

重力よりも大きい力で本を押し上げて行けば、やがて本は天井にめりこんでいくはずですが、実際は天井で止まります。これは、天井からの垂直抗力が下向きの力の足りない分を補うことで、本をその場に押し留めているのです。

このように、いろいろな方向の壁や天井に押し当ててみれば、垂直抗力が「力のつりあいを維持して壁へのめりこみを阻止している変幻自在な反発力」であることが実感できます。

ところで、図1.11 (a) では重力を描き忘れていました。

下向きの重力をちゃんと考えると… 本は下に落ちてしまいますね。

落下しない為には、なんらかの上向きの力も働いているに違いありません。

そこで次に考えるのが、「摩擦力」です。

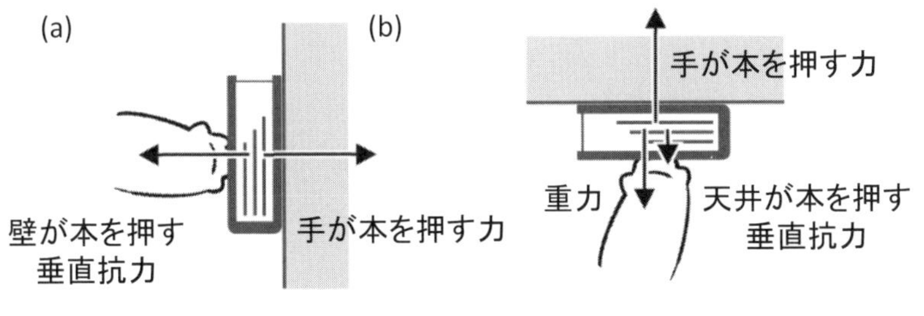


図1.11 いろいろな方向の垂直抗力 (a) 壁 (b) 天井

i **反発力（斥力）（repulsive force）**

二つの物体の間に働く、お互いを遠ざけようとする力。
極性が同じ荷電粒子間に働くクーロン力など。

## 1.6 摩擦力と解釈の問題

まず、図1.12 のように、水平な粗い床に置かれた重い箱を考えます。
(a) 弱く押しても、動きません。
(b) 強めに押しても、動きません。
(c) さらに強く押してやると… 突然、動き始めました！
この動きを説明するのが、箱の横すべりを妨げる力、「摩擦力」です。

いま、水平方向に箱を押す力を $f$ 、床からの摩擦力を $F_{摩擦}$ とします。
(a) から (b) 、そして (c) 直前の $f$ が限界値を越える瞬間までは、$F_{摩擦}$ は自在に変化しながら $f$ と同じ大きさを維持します。こうして二つの力がつりあうことで、箱は静止し続けます。
一方、(c) の瞬間、$f$ がある限界値を超えると、$F_{摩擦}$ はガクッと減少します。その結果、力のつりあいは崩れ、 $f - F_{摩擦}$ $(> 0)$ の力で箱は加速されます。
こうした $f$ と $F_{摩擦}$ の関係をグラフにしたものが下図の(d) です。
このとき、静止している間の変幻自在な摩擦力のことを「静止摩擦力」と呼び、箱が動き始める瞬間の静止摩擦力の限界値を「最大静止摩擦力」と呼びます。

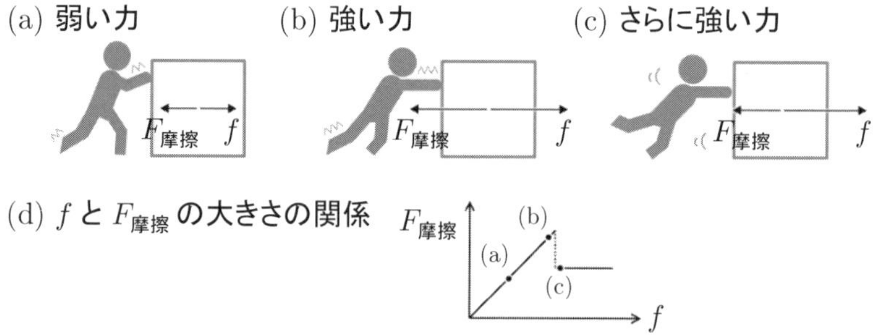


図1.12 水平方向に箱を押す力 $f$ と摩擦力 $F_{摩擦}$ の関係

**i 静止摩擦 (static friction)**

物体が粗い面上に置かれ、静止しているときに生じる摩擦力。垂直抗力の大きさ $N$ に静止摩擦係数 $\mu$ をかけた値 $\mu N$ を上限として、面に平行な外力を打ち消すように働く。

最大静止摩擦力は箱を床に押し付ける力に応じて強くなります。正確には、垂直抗力 $N$ に比例します。また、この大きさは材質によっても変化します。

そこで、垂直抗力 $N$ に対し、材質で変化する静止摩擦係数 $\mu$ をかけた値、$\mu N$ が最大静止摩擦力を表す式となります。

これは図1.11 (a) を思い出すと分かりやすいです。本を壁に押し付ける際、強く押せば最大静止摩擦力が増加し、重い本でも支えられるようになります。

また、ツルツルな壁よりもザラザラな壁の方が、押す力は小さくて済みます。

一方、図1.12 (c) 以降のように、床に対して物体が動いているときの摩擦力のことを「動摩擦力」と呼びます。

一見、これは静止摩擦力よりも簡単です。というのも、箱を手で押している間ずっと、ズズズ…と摩擦力を手に感じるし、その強さも一定（$\mu' N$）だからです。

ただし、手を離した後も「動摩擦力」が働いていることを忘れてはいけません。

いったん滑り始めた箱は、手を離しても「慣性の法則」によって滑り続けます。そこに動摩擦力が働き続けることで、箱は減速し、やがて静止するのです。

以上が垂直抗力と摩擦力の解説です。どうでしょう？　現代人から見れば、ふつうに納得できる説明だったのではないでしょうか？

ところが、アリストテレスをはじめとする昔の人々は違う解釈をしていました。彼らは『力が働いている間だけ物体は動く』と考えており、じつはこの考え方でも多くの現象は説明できていました。先ほどの「動摩擦力」はその典型例で『手で押している間だけ箱は動き、手を離したらすぐに止まってしまう。まさにアリストテレスが言ったとおりだ。』というのです。

そんな彼らから見れば、垂直抗力や摩擦力といったおかしな力を持ち出す「運動の法則」の方がよっぽど奇妙な説であり、この状況をくつがえす為にはより確かな根拠が必要でした。その根拠となったのが「運動方程式」です。

**i　動摩擦（kinetic friction）**

物体が粗い面上を滑りながら動いているときに生じる摩擦力。垂直抗力の大きさ $N$ に動摩擦係数 $\mu'$ をかけた値 $\mu' N$ で表される。通常、$\mu'$ は静止摩擦係数 $\mu$ より小さい。

### 基本問題 1.1（速度と力）

ボールを真上に投げると、ある高さまで上がった後、落下する。

(1) 最高点における速度はいくらか？　(2) 最高点における加速度はいくらか？

… 解答 ………

(1) 0 m/s　(2) 9.8 m s$^{-2}$（ただし、下向きを正、重力加速度を 9.8 m s$^{-2}$ とした。）

### 基本問題 1.2（作用反作用の法則と力のつりあい）

水平な粗い床に置かれた箱を、人が手で押して、一定の速度で動かす。人が箱を押す力を①、箱が人を押す力を②、箱に働く動摩擦力を③とするとき、

(1) ①と②の関係はなんと言うか？

(2) ①と③の関係はなんと言うか？

… 解答 ………

(1) 作用反作用の法則　(2) 力のつりあい（速度一定ならば動いていても力はつりあう。）

### 基本問題 1.3（実験とグラフ）

右の表は図1.5 の斜面の実験の写真から、時間 $t$ 、物体の位置 $s$ 、および初期位置 $s_0 = 10\,\mathrm{mm}$ からの移動距離 $x = s - s_0$ を整理したものである。

(1) $t$ と $s(t)$ の関係をグラフにせよ。

(2) $t^2$ と $x(t)$ の関係をグラフにせよ。

| 時間 $t$ (sec) | 位置 $s$ (mm) | 移動距離 $x$ (mm) |
|---|---|---|
| 0.00 | 10 | 0 |
| 0.17 | 37 | 27 |
| 0.33 | 79 | 69 |
| 0.50 | 140 | 130 |
| 0.67 | 220 | 210 |
| 0.83 | 318 | 308 |
| 1.00 | 436 | 426 |
| 1.17 | 568 | 558 |
| 1.33 | 722 | 712 |
| 1.50 | 894 | 884 |

… 解答 ………

(1)

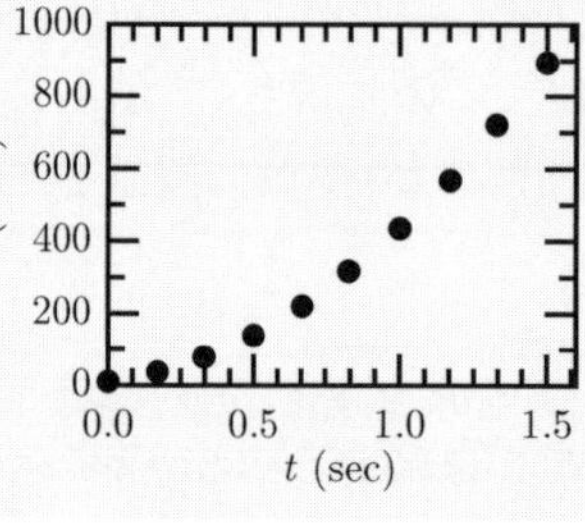


(2)

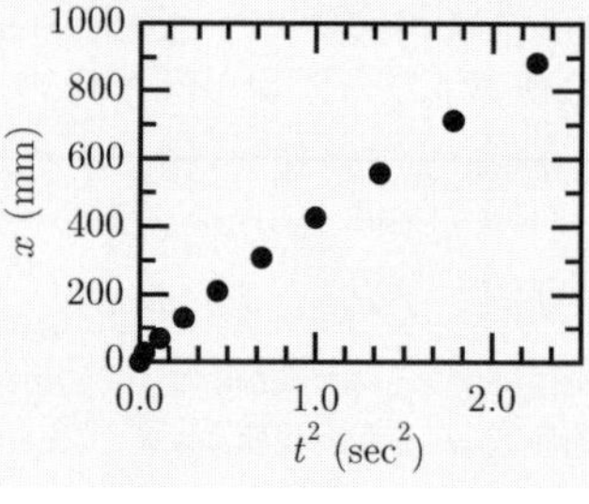

演習 1.1（運動の法則）

無重力の宇宙に浮かんでいる体重 100 kg の宇宙飛行士が 1000 N の力を受けた場合、いくらの加速度で加速されるか？

演習 1.2（作用反作用の法則）

無重力の宇宙に浮かんでいる宇宙飛行士が宇宙船を動かそうとして手で押したとしても、自分が押し返されるだけで宇宙船はほとんど動かない。

(1) 宇宙飛行士が宇宙船から受ける力と、宇宙船が宇宙飛行士から受ける力はどちらの方が大きいか？

(2) 宇宙船がほとんど動かないのはなぜか？

(3) 宇宙船の総質量を 400 トン、宇宙飛行士の押す力を 1000 N とした場合、宇宙船はいくらの加速度で加速されるか？

演習 1.3（速度と力）

右図は物体を右斜め上に投げた時の運動を描いたものである。

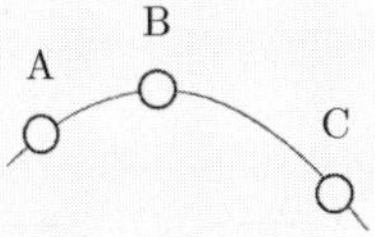


(1) A、B、C の各地点での物体の速度を矢印で描け。

(2) A、B、C の各地点で物体が受けている力を矢印で描け。

演習 1.4（力と加速度）

0.98 kN の力が加わると破断するロープがある。体重 200 kg の人がこのロープを使って真下に滑り降りる場合、いくらより大きい加速度で降りればロープは破断しないか？
ただし、重力加速度は 9.8 m s$^{-2}$ とする。

… 解答 …………………………………………………………………………

演習 1.1　$ma = F$ より、$a = F/m$ 。よって、$a = (1000\,\mathrm{N})/(100\,\mathrm{kg}) = 10\,\mathrm{m\,s^{-2}}$

演習 1.2　(1) 作用反作用の法則より、二つの力の大きさは等しい。

(2) 宇宙船が受ける力に対して、宇宙船の質量がとても大きいから。

(3) $a = (1000\,\mathrm{N})/(400 \times 10^3\,\mathrm{kg}) = 2.5 \times 10^{-3}\,\mathrm{m\,s^{-2}}$

演習 1.3　(1) 軌道の接線方向　　(2) 常に下向きで一定の大きさの重力

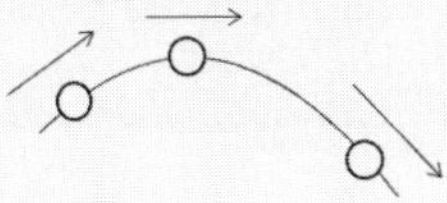

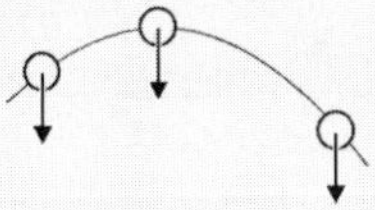

演習 1.4　(質量)×(加速度)=(合力)=(人にかかる重力)-(ロープの張力) なので、

(ロープの張力)=(人にかかる重力)-(質量)×(加速度) となる。

∴ (ロープの張力) $= 200\,\mathrm{kg} \times 9.8\,\mathrm{m\,s^{-2}} - 200\,\mathrm{kg} \times a\,\mathrm{m\,s^{-2}} < 980\,\mathrm{N}$

∴ $a > 4.9\,\mathrm{m\,s^{-2}}$

# 第2章

# 運動方程式

「運動方程式」を使いこなす鍵は、「微積分」にあります。

速度 $v$ は位置 $x$ を時間 $t$ で微分したものであり、

加速度 $a$ は速度 $v$ を時間 $t$ で微分したものです。

この関係を使って「力」と「初期条件」から「運動($x$ と $t$ の関係式)」を求める「微分方程式」、それが運動方程式です。

運動方程式は、「 $m\dfrac{d^2x(t)}{dt^2}=F$ 」と書くことができ、右辺の $F$ にはその物体にかかっている「すべての外力の和」を入れます。

i **アイザック・ニュートン (1642 - 1727 )**

イギリス出身の数学・物理学者。ガリレオが亡くなった年に生まれる。微積分法を開発し、「プリンキピア」で運動の法則と万有引力の法則を発表した。のちに錬金術に没頭した。

## 2.0　あなたはどう読む？「$F = ma$」

物理で最も有名な公式「$F = ma$」。これを運動方程式と言います。

一見単純なこの式ですが、この「方程式」という形を作り出したところにニュートンの偉大さが隠れています。

… とその前に、いま、『エフイコールエムエー』と読みませんでしたか？

この数式、外国人ならきっとこう読みます。

『Force equals mass times acceleration.』

日本語に訳すと、『力は質量かける加速度と等しい』となります。まさに「運動の第二法則（運動の法則）」そのものです。

… え？　それぐらい自分で翻訳できる？

いやいや、問題は翻訳ではなく、彼らがそう「読む」という点です。

日本人の目には、「えふいこーるえむえー」という呪文にしか見えない数式「$F = ma$」が、外国人の目には最初から「力＝質量×加速度」のような意味のある文章として映っているんですよ？　ちょっとズルいと思いませんか？

図2.1　勝負はここから始まっている

**i　名言・格言（by ガリレオ）**

「どんな真実も、発見してしまえば誰でも簡単に理解できる。大切なのは、発見することだ。」

とはいえ、この程度のハンデ、気づけばどうということはありません。

物理記号の多くは、それが意味する英語の頭文字になっています。だから、それをそのまま覚えればいいのです。

以下に主なものの対応表をまとめました。さっそく覚えてしまいましょう。

表1.1 物理記号と英語と意味（物理記号は斜体で書く）

| 記号 | 英語 | 意味 |
|---|---|---|
| $F$ | Force | 力 |
| $m$ | mass | 質量 |
| $a$ | acceleration | 加速度 |
| $g$ | acceleration of gravity | 重力加速度 |
| $v$ | velocity | 速度 |
| $t$ | time | 時間 |
| $l$ | length | 長さ |

ついでに、「$F = ma$」という文字の順序についても見直したいと思います。というのも、英語的発想は語順にも表れているからです。

たとえば、下のような文章。日本語と英語では言葉の順番が逆です。

（日本語）「寿司が好きだ。」　（英訳） I like Sushi.

（日本語）「今日は雨です。」　（英訳） It's rainy today.

ということは、「$F = ma$」も、左辺と右辺を入れ替えて「$ma = F$」と書いた方が日本人には分かりやすいのではないでしょうか？

ためしにやってみましょう。

**i 表（table）**

複数のデータの対応関係を整理して並べたもの。互いに対応するデータを横（行）に並べ、データが増えるたびに下に行を追加していく。基本的に、表のタイトルは表の上に書く。

運動方程式の $F$ には、物体にかかるすべての力の和が入ります。

（例1） 重力で落下するおもりの場合 （図2.2 (a) ）

おもりにかかっているのは下向きの重力 $mg$ だけなので、運動方程式は

$$ma = mg$$ となります。

（例2） バネばかりに吊るされたおもりの場合 （図2.2 (b) ）

下向きの重力 $mg$ と上向きに引っ張るバネの力 $kx$ がかかっているので、その合計は $mg - kx$ です。ということで、運動方程式は

$$ma = mg - kx$$ となります。

こんな感じで、「$ma =$（物体にかかるすべての外力の和）」と覚えておけば、もっと複雑な運動でも運動方程式が書けてしまいます。たとえば、

$ma = mg - bv$ （空気抵抗） や、

$ma = -mg\sin\theta$（単振り子）

という具合です。どうでしょう？ 公式の順序のまま

$mg - bv = ma$ （空気抵抗） や、

$-mg\sin\theta = ma$（単振り子）

と書くよりも、見やすくなったのではないでしょうか？

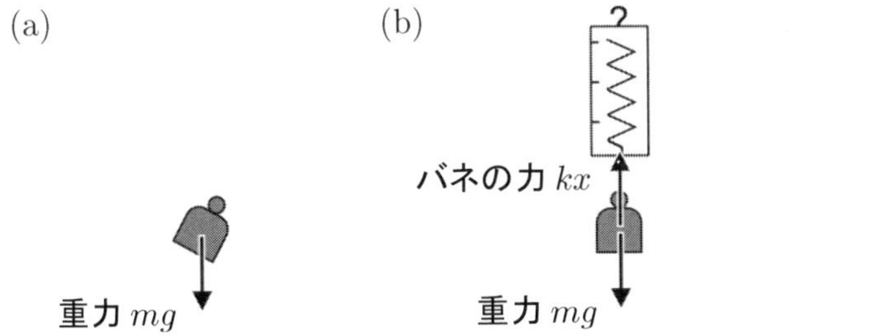


図2.2 (a) 自由落下するおもり (b) バネばかりに吊るしたおもり

**i 図（Figure）**

多くの科学論文・科学雑誌では、グラフ、写真、概念図などは、すべて「図」に分類される。基本的に、図のタイトルは図の下に書く。「Figure」の略語「Fig.」もよく使われる。

ここで、「運動方程式」という日本語についても復習しておきましょう。

【運動方程式について】

「運動方程式」とは、文字通り「運動」の「方程式」です。

「運動」とは …

「物体の位置が時々刻々と変化する様子」のこと。

物理的に書くと、「時刻 $t$ の変化に伴い変化する物体の位置 $x$ 」であり、

数式で表現すると、「変数 $t$ の関数として表される位置 $x(t)$」となる。

「方程式」とは …

「式中の未知数に、ある値を代入したときにだけ成り立つ等式」のこと。

この条件さえ満たしていれば、「$x^2 = 2x$」のような文字式でも、

「$f(x) = g(x)$」のような「関数＝関数」という式でも、「方程式」である。

未知数に代入したときに等号が成り立つような値のことを「解」といい、

「解」を求めることを「方程式を解く」と言う。

等号さえ成り立つならば、「$x = 2$ 」のような数字でも、「$x(t) = \sin \omega t$ 」のような変数 $t$ に対する関数でも、「方程式の解」と呼べる。

この二つをあわせたものが、「運動方程式」です。つまり、

「運動方程式」とは …

関数 $x(t)$ を含み、ある $x(t)$ を代入したときだけ成り立つ等式のこと。

「運動方程式を解く」とは …

代入したときにその等式が成り立つような関数 $x(t)$ を求めること。

となります。

### i 関数（function）

変数 $x$ と $y$ があって、変数 $x$ のそれぞれの値に対して変数 $y$ の値がただ1つに定まるとき（一対一で対応するとき）、$y$ は $x$ の関数であるという。（例）$y(x) = x^2$

## 2.1 位置と速度と加速度の関係

そんなわけで、運動方程式とは「関数 $x(t)$ を含む等式」を意味します。
また、2.0節で紹介したとおり、運動方程式は「 $ma = F$ 」です。
よって、「$ma = F$ 」には関数 $x(t)$ が含まれていま…せんね。
つまり、「$ma = F$ 」は方程式ではない!? あれれ!?

というのは冗談で、じつはちゃんと関数 $x(t)$ は含まれています。なぜなら、加速度 $a$ の中に関数 $x(t)$ が隠れているからです。
そもそも加速度 $a$ とは、「速度 $v$ の変化の大きさ」を意味します。
そして、速度 $v$ もまた、「位置 $x$ の変化の大きさ」を意味します。
このような「変化の大きさ」を扱う為の数学の手法があります。「微分」です。
「微分」を使えば、
加速度 $a$ は「速度 $v$ を時間 $t$ で微分したもの」
速度 $v$ は「位置 $x$ を時間 $t$ で微分したもの」 と書けます。
(つまり加速度 $a$ は「位置 $x$ を時間 $t$ で2回微分したもの」となります。)
このように、ある関数を微分して得られる関数のことを「導関数」と呼び、

$$\frac{dx(t)}{dt}$$

のような記号で表します。
そして、導関数を使えば運動方程式は次のように書けます。

$$m\frac{d^2x(t)}{dt^2} = F$$

ほらね? 加速度 $a$ の代わりに $x(t)$ の導関数が現れたでしょう?
これこそが「運動方程式」の本来の姿だったのです。
そして、このように導関数を含む方程式のことを「微分方程式」と呼びます。

**i 導関数 (a derivative function または単に derivative)**

関数 $y(x)$ について、変数 $x$ のそれぞれの値 $x_n$ に対して微分係数 $y'(x_n)$ を対応させた関数のことを、「関数 $y(x)$ の導関数」という。

導関数は、微分の回数に応じて一次導関数(first derivative)、二次導関数(second derivative)のように呼ばれ、複数の記法が存在しています。

【ニュートン記法 (ドット記法)】

| 一次導関数 | 二次導関数 | (三次以上には使用しない) |
|---|---|---|
| $\dot{x}$ | $\ddot{x}$ | |

「エックスドット」、「エックスツードット」と読みます。

基本的に、ニュートン力学では「時間 $t$ 」に関する微積分しか扱いません。そのため、ニュートン記法も「時間 $t$ 」に関する微分にのみ使用されます。

【ラグランジュ記法】

| 一次導関数 | 二次導関数 | $n$ 次導関数 |
|---|---|---|
| $f'(x)$ | $f''(x)$ | $f^{(n)}(x)$ |

「エフプライムエックス」、「エフダブルプライムエックス」と読みます。

ラグランジュ記法は「位置 $x$ 」に関する微分を表すときによく使われます。

【ライプニッツ記法】

| 一次導関数 | 二次導関数 | $n$ 次導関数 |
|---|---|---|
| $\dfrac{dy}{dx}$ | $\dfrac{d^2y}{dx^2}$ | $\dfrac{d^ny}{dx^n}$ |

「ディーワイディーエックス」、「ディーツーワイディーエックスツー」と読みます。この記法は、下の部分を「 $dx$ 」とすれば「位置 $x$ 」に関する微分を表し、「 $dt$ 」とすれば「時間 $t$ 」に関する微分を表します。どの変数に関して微分するのか分かりやすいので、初心者におすすめです。

**i ゴットフリート・ライプニッツ (1646 - 1716)**

ドイツ出身の哲学・数学者。独自に微積分法を開発しており、どちらが先に発明したかでニュートンと争った。2進法に基づいた計算機械を発明したことでも知られる。

前述の通り、位置と速度と加速度の関係は次のように微分で表せます。

【位置と速度と加速度の関係（微分）】

$$x(t)$$

時間 $t$ で微分

$$v(t) = \frac{dx(t)}{dt}$$

時間 $t$ で微分

$$a(t) = \frac{dv(t)}{dt} = \frac{d^2x(t)}{dt^2}$$

一方、数学の公式より、微分と定積分には次のような関係があります。

$$\frac{d}{dx}\int_{\mathrm{A}}^{x} f(t)dt = f(x)$$

この式の $f(t)$ に $v(t)$ を、$x$ に $T$ を当てはめると、

$$\frac{d}{dT}\int_{\mathrm{A}}^{T} v(t)dt = v(T) = \frac{dx(T)}{dT}$$

となり、この式から、

$$\int_{\mathrm{A}}^{T} v(t)dt = x(T)$$

が得られます。

同様の計算により、位置と速度と加速度の関係は定積分でも表せます。

【位置と速度と加速度の関係（積分）】

$$x(T) = \int_{\mathrm{A}}^{T} v(t)dt$$

時間 $t$ で積分

$$v(T) = \int_{\mathrm{A}}^{T} a(t)dt$$

時間 $t$ で積分

$$a(t)$$

i **ジョゼフ＝ルイ・ラグランジュ　(1736 - 1813)**

イタリア出身の数学・天文学者。微積分学を物理学に応用し、解析力学を創り出した。
二つの星の力がつりあう安定な点であるラグランジュポイントを発見したことでも有名。

## 2.2 等速度運動

こうした微積分を使った「運動方程式」が作られたことによって、力と運動の解釈の一つに過ぎなかった「運動の法則」は、あらゆる時刻における物体の位置、速度、加速度を正確に言い当てる「数式」へと生まれ変わります。

たとえば、「等速度運動(uniform motion)」。

uniform(均一)、すなわち、いつ見ても速度が等しい運動ということなので、その速度は時間に依らない定数 $v_0$ で表すことができます。

つまり、 $v(t) = v_0$ （一定） です。

左辺の速度 $v(t)$ を微分すると加速度が得られます。

右辺の定数 $v_0$ は微分するとゼロになります。

よって、
$$a(t) = \frac{dv_0}{dt} = 0$$
が得られます。

逆に、速度を積分すれば位置が得られます。右辺は定数 $v_0$ の積分なので、
$$x(t) = \int_{\mathrm{A}}^{t} v_0 dt = [v_0 t]_{\mathrm{A}}^{t} = v_0 t - v_0 \mathrm{A} \quad \cdots ①$$
となります。 … おや？ A という未知の定数が出てきてしまいました。

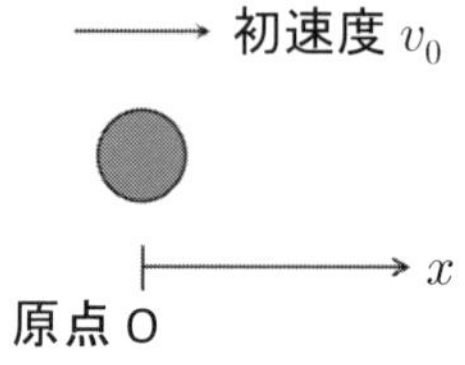


図2.3 等速度運動

**i 未知の定数 (unknown constant)**

値が与えられていない、または、まだ分かっていないため、とりあえず文字で表した量。
普通の数字と同様に扱われる。たとえば、「$y(x) = ax + b$」における「$a$」や「$b$」のこと。

数学の問題ならば、A は「任意の定数」と書いておしまいです。

しかし、物理では A の値を求めることができます。なぜなら、実際の現象と照らし合わせることで得られる情報、「初期条件」があるからです。

たとえば、次の例を見てみましょう。

（例題）

一定の速さ 5 m/秒でまっすぐ進むボールは、30 秒後にはどこにあるか？

（解答）

まずは速度の情報を数式に直します。$t$ に関わらず速さは 5 m/秒なので、

$$v_0 = 5$$

という等速度運動になります。これを①式に代入すると次の式が得られます。

$$x(t) = 5t - 5\mathrm{A} \quad \cdots \quad ②$$

次に、「どこ」を数式で表現したいのですが、「スタート地点から見て」とか「〇〇の場所から見て」といったように、基準となる場所を決めなければ表現できません。そこで、初期条件として「原点の位置」を（自分で）設定します。

(a) スタート地点（$t = 0$ のときの位置 $x(0)$ ）を原点とした場合

位置に関する情報として、次の式が追加されます。

$$x(0) = 0$$

そこで、②式に $t = 0$ を代入すると

$$x(0) = 5 \cdot 0 - 5\mathrm{A} = -5\mathrm{A}$$

となりますが、$x(0) = 0$ なので、

$$0 = -5\mathrm{A}$$

よって $\mathrm{A} = 0$ となり、これを②式に入れると $x(t)$ は次のように書けます。

$$x(t) = 5t$$ これが解です。

i **変数**（variable）

値が固定されておらず、いろいろな値を代入できる文字。

たとえば、「$y(x) = ax + b$ 」における「 $x$ 」のこと。

(b) スタート地点から 100 m 先を原点とした場合

位置に関する情報として、次の式が使えるようになります。

$$x(0) = -100$$

そこで、②式に $t = 0$ を代入すると

$$x(0) = -5\mathrm{A} = -100$$

よって、$\mathrm{A} = 20$ となり、これを②式に入れると $x(t)$ は次のように書けます。

$$x(t) = 5t - 100$$ これが解です。

このように、原点の取り方によって解は変化します。

… はて? どちらが正しいのでしょう?

答えは、「どちらも正しい」です。図2.3 のように座標軸を書いてみましょう。

(a) のように、スタート地点にいる人から見た場合、ボールは前方(プラス)へ離れていくように見えます。一方、(b) のように、100 m 前方にいる人から見た場合、ボールは後方(マイナス)から近づいてきて、その後、前方(プラス)へと離れていくように見えます。これが (a) と (b) の解の意味です。

このように、観測者の立ち位置にかかわらず運動を表現できてしまうのも定数 A のおかげなんですね。微積分ってホントよくできています。

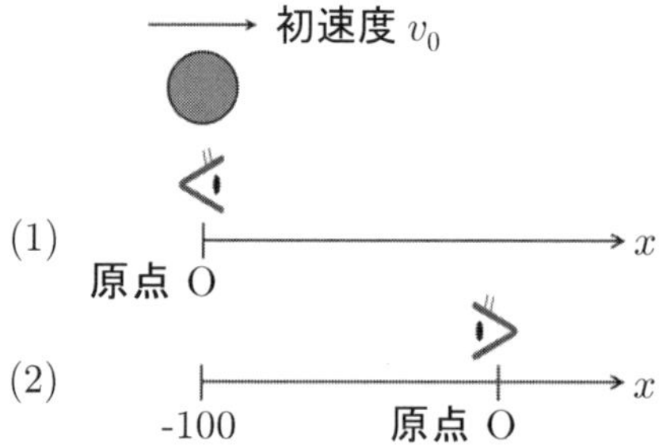


図2.4 原点をずらす

i **導関数の公式 (累乗)**

$$\frac{d}{dx}(x^n) = nx^{n-1} \quad (n \text{ は定数})$$

## 2.3 等加速度直線運動

今度は、加速度が一定の場合を考えてみましょう。

$$a(t) = a_0 \qquad \text{（一定）} \qquad \cdots ①$$

加速度を積分すると速度が得られます。定数の積分も簡単にできます。

よって、

$$v(t) = \int_{\mathrm{A}}^{t} a_0 dt = [a_0 t]_{\mathrm{A}}^{t} = a_0 t - a_0 \mathrm{A} \qquad \cdots ②$$

が得られます。ここでも、未知の定数 A が出てきました。

もし、$t = 0$ のときの速度として $v_0$ が最初から与えられていれば、

$$v(0) = v_0$$ であり、一方、②式より

$$v(0) = a_0\, 0 - a_0\, \mathrm{A} = -a_0 \mathrm{A}$$ と書けるので、

$$v(t) = a_0\, t + v_0 \qquad \cdots ③$$

となります。$a_0$ と $v_0$ は、初期条件として与えられる「既知の定数」なので、③式で $v(t)$ の解が得られたことになります。

さらに、③式を積分すれば、速度の積分なので位置が得られます。

よって、

$$x(t) = \int_{\mathrm{B}}^{t} (a_0 t + v_0) dt = \left[\frac{1}{2}\, a_0 t^2 + v_0 t\right]_{\mathrm{B}}^{t}$$

$$= \left(\frac{1}{2}\, a_0 t^2 + v_0 t\right) - \left(\frac{1}{2}\, a_0 \mathrm{B}^2 + v_0 \mathrm{B}\right) \qquad \cdots ④$$

が得られます。また未知の定数が出てくるので、今回は B としました。

もし、$t = 0$ のときの位置の初期条件として $x_0$ が与えられていれば、

$$x_0 = x(0) = -\left(\frac{1}{2}\, a_0 B^2 + v_0 B\right)$$

と書けるので、④式より $x(t)$ の解は次のようになります。

$$x(t) = \frac{1}{2}\, a_0 t^2 + v_0 t + x_0 \qquad \cdots ⑤$$

i **不定積分の公式 (累乗)**

$$\int x^n dx = \frac{x^{n+1}}{n+1} + \mathrm{C} \qquad (n \neq -1)$$

こうして得られた①、③、⑤式。この中の $a_0$、$v_0$ 、$x_0$ の値を変えてやれば、様々な「等加速度直線運動」の加速度、速度、位置を求めることができます。たとえば、地球の重力による落下運動。そっと落とそうが真上に投げようが、全て重力加速度が一定の「等加速度直線運動」です。計算してみましょう。

(1) 自由落下 （物体をそっと落とした場合。）

まず、原点を設定します。たとえば、手を離した高さとしましょう。

すると初期位置は、 $x_0 = 0$ と書けます。

次に、手を離したときの最初の速度、初速度を考えます。

そっと落としたので、 $v_0 = 0$ と書けます。

最後に $a_0$ ですが、これは重力加速度なので、$a_0 = g = 9.8\,\mathrm{m/s^2}$ です。

これらを①、③、⑤式に代入すれば、次の解が得られます。

$$a(t) = a_0 = 9.8$$
$$v(t) = a_0 t + v_0 = 9.8\,t$$
$$x(t) = \frac{1}{2}\,a_0 t^2 + v_0 t + x_0 = 4.9\,t^2$$

最後の式は、図1.5 で確認した斜面の実験の物体の動きそのものです！

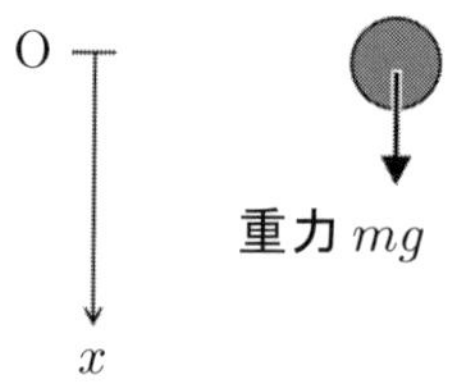


図2.5 自由落下

i **ガリレオの自由落下の思考実験（落体の法則）**

『軽い球、重い球、この二つを紐でつないだ物体の、三つを同時に落としたらどれが最速？』
答えはすべて同じ。その証拠に、上で計算した自由落下の式に質量 $m$ は含まれていない。

序章 1章 2章 3章 4章 5章 6章 7章 8章 索引

(2) 鉛直投げ上げ（真上に速度 $V_0$ m/s で投げ上げた場合。）

この場合も原点を設定しますが、今回は座標軸の向きにも注意が必要です。たとえば、最初の高さを原点とし、座標軸を下向きに描いたとします（図 2.6）。

すると初期位置は、　$x_0 = 0$　と書けます。

一方、初速度は座標軸と逆の上向きなので $V_0$ にはマイナスがつきます。

つまり、　$v_0 = -V_0$　です。

それに対して、加速度は下向きなので、符号はプラス、

つまり、　$a_0 = 9.8\,\mathrm{m/s^2}$　となります。

これらを①、③、⑤式に代入すれば、次の解が得られます。

$$a(t) = a_0 = 9.8$$

$$v(t) = a_0 t + v_0 = 9.8\,t - V_0$$

$$x(t) = \frac{1}{2}\,a_0 t^2 + v_0 t + x_0 = 4.9\,t^2 - V_0 t$$

ちなみに、もしも最初に座標軸を上向きに描いたら、どうなったでしょう？

その場合、式の符号が全て逆転してしまい、答えが変わったように見えます。ところが、逆向きの座標軸に対して逆の符号なので、じつは同じ答えです。

このように、図と式が符号で結びついているのも、運動方程式の特長です。

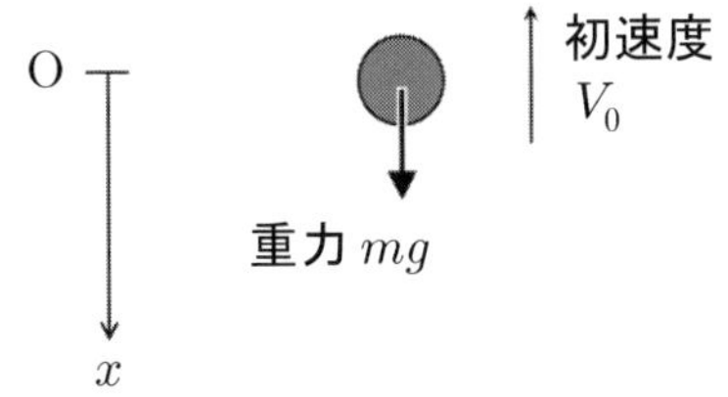


図2.6 鉛直投げ上げ

### i 慣性質量と重力質量

重力による運動方程式「$ma = mg$」のうち、左辺の $m$ は慣性の法則に対する質量なので「慣性質量」といい、右辺の $m$ は万有引力に対する質量なので「重力質量」という。

**基本問題 2.1（微積分の公式）**

(1) $x^n$（$n$ は定数）の導関数を書け。　(2) $x^n$（$n$ は -1 でない実数）の不定積分を書け。

… 解答 ………

(1) $\dfrac{d}{dx}(x^n) = nx^{n-1}$　（$n$ は定数）　(2) $\displaystyle\int x^n dx = \frac{x^{n+1}}{n+1} + \mathrm{C}$　$(n \neq -1)$

**基本問題 2.2（重力による落下運動と力学的エネルギー保存則）**

質量 $m$ の物体を、$x_0$ の高さから初速度 $v_0$ で真上に投げ上げる。$t$ 秒後の速度を $v(\mathrm{t})$、位置を $x(t)$ とするとき、次の問いに答えよ。ただし、上向きを正とし、重力加速度は $g$ とする。また、空気抵抗は無視できるものとする。

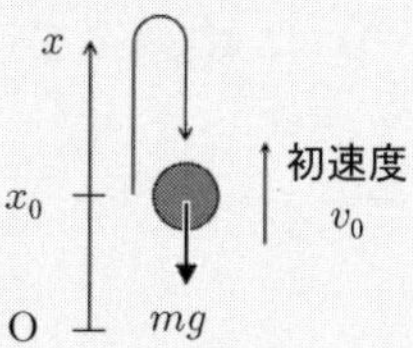


(1) 運動方程式を立てて、$v(\mathrm{t})$ と $x(t)$ を求めよ。

(2) 元の高さ $x_0$ まで戻る時刻を $t_1$ とし、その瞬間の速度 $v(t_1)$ を求めよ。

(3) $\dfrac{1}{2}mv(t)^2 + mgx(t)$ を $m$、$x_0$、$v_0$、$g$ を用いて表せ。

… 解答 ………

(1) 運動方程式は、$ma(t) = -mg$ と書ける。よって、$a(t) = -g$ となり、時間 $t$ で積分して、$v(t) = -gt + \mathrm{C}$ が得られる。初速度が $v_0$ なので、$v(t) = -gt + v_0$。さらに積分して、

$x(t) = -\dfrac{1}{2}gt^2 + v_0t + \mathrm{C}$。初期位置が $x_0$ なので、$x(t) = -\dfrac{1}{2}gt^2 + v_0t + x_0$。

(2) $x(t_1) = -\dfrac{1}{2}gt_1^2 + v_0t_1 + x_0 = x_0$ より、$(-\dfrac{1}{2}gt_1 + v_0)t_1 = 0$。$\therefore t_1 = 0, \dfrac{2v_0}{g}$。

$t_1 = 0$ だと投げた瞬間になってしまうので、$t_1 = \dfrac{2v_0}{g}$。よって、$v(t_1) = -2v_0 + v_0 = -v_0$。

(3) (1) より $v(t) = -gt + v_0$、$x(t) = -\dfrac{1}{2}gt^2 + v_0t + x_0$。これを $\dfrac{1}{2}mv(t)^2 + mgx(t)$ に代入して

$$\frac{1}{2}mv(t)^2 + mgx(t) = \frac{1}{2}m(-gt + v_0)^2 + mg(-\frac{1}{2}gt^2 + v_0t + x_0)$$

$$= \frac{1}{2}mg^2t^2 - mgtv_0 + \frac{1}{2}mv_0^2 - \frac{1}{2}mg^2t^2 + mgv_0t + mgx_0$$

$$= \frac{1}{2}mv_0^2 + mgx_0$$　（$t$ によらず一定）

ちなみに、$\dfrac{1}{2}mv(t)^2$ は「運動エネルギー」、$mgx(t)$ は「重力による位置エネルギー」と呼ばれ、その和が時間 $t$ によらず一定であることを示す(3) の式を「力学的エネルギー保存則」という。

**演習 2.1（摩擦力）**

粗い水平な台の上に質量 $m_A$ の物体 A を置き、右図のように水平、鉛直に張った糸と滑車を通して、質量 $m_B$ の物体 B を吊り下げたところ、ともに加速度 $a$ で動いた。重力加速度を $g$ 、台と物体 A の間の動摩擦係数を $\mu'$ として、

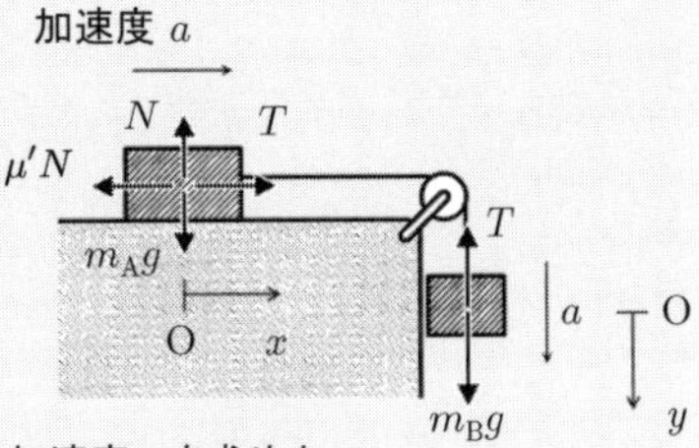


(1) 物体 A と物体 B の運動方程式を立てよ。 (2) 加速度 $a$ を求めよ。

**演習 2.2（安全対策が必要な高所作業）**

厚生労働省が定めた「労働安全衛生規則」では 2 m 以上の高所作業に対して安全対策が義務付けられている。物体が 2 m の高さから自由落下した場合、地面に着く直前の速さを求めよ。ただし、重力加速度は 9.8 m s$^{-2}$ とし、空気抵抗は無視できるものとする。

**演習 2.3（作用反作用の法則と運動量保存則）**

速度 $v_{A0}$ で進む質量 $m_A$ の物体 A が、同じ直線上を速度 $v_{B0}$ で進む質量 $m_B$ の物体 B に真後ろから追突する。衝突時間を $t$ 秒間とし、その間、A が B から受ける力は常に一定で $F_{AB}$ 、B が A から受ける力も常に一定で $F_{BA}$ とするとき、次の問いに答えよ。

(1) A が力 $F_{AB}$ によって受ける加速度はいくらか？

(2) 衝突後の A の速度 $v_{A1}$ と、B の速度 $v_{B1}$ はいくらか？

(3) $F_{AB}$ と $F_{BA}$ の間にはどのような関係が成り立つか？

(4) $m_A v_{A1} + m_B v_{B1}$ を $m_A$ 、$v_{A0}$ 、$m_B$ 、$v_{B0}$ を使って表せ。

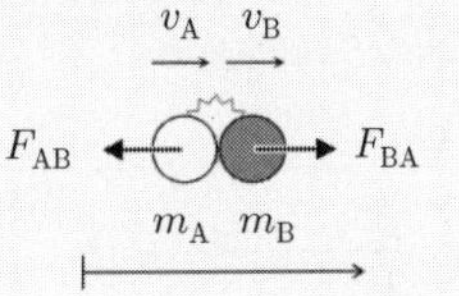


… 解答 ……………………………………

**演習 2.1** (1) A（水平方向）: $m_A a = T - \mu' m_A g$ B（鉛直方向）: $m_B a = m_B g - T$

(2) (1) を変形すると、$T = m_A a + \mu' m_A g$ 、$T = m_B g - m_B a$ となり、$T$ でつなぐと、

$m_A a + \mu' m_A g = m_B g - m_B a$ 。よって、$a = \dfrac{m_B - \mu' m_A}{m_A + m_B} g$ が得られる。

**演習 2.2** 自由落下の速度と位置は $v(t) = 9.8\,t$ 、$x(t) = 4.9\,t^2$ と書ける。（42ページ参照）

$x(t_1) = 4.9\,t_1^2 = 2$ として着地時刻 $t_1$ を求めれば、$t_1 = 0.64$ が得られる。

よって $v(t_1) = v(0.64) = 6.3\,\mathrm{m/s} = 23\,\mathrm{km/h}$ となる。これは自転車並みの速さである。

**演習 2.3** (1) $F_{AB}/m_A$ (2) $v_{A1} = v_{A0} - (F_{AB}/m_A)\,t$ 、$v_{B1} = v_{B0} + (F_{BA}/m_B)\,t$

(3) 作用反作用の法則より、力の大きさは等しい。よって、$F_{AB} = F_{BA}$ が成り立つ。

(4) $m_A v_{A1} + m_B v_{B1} = (m_A v_{A0} - F_{AB}\,t) + (m_B v_{B0} + F_{BA}\,t) = m_A v_{A0} + m_B v_{B0}$

ちなみに、$mv$ は「運動量」と呼ばれ、互いに作用しあう二つの物体の運動量の和が衝突前後で変化しないことを示す(4) の式を「運動量保存則」という。また、$F\,t$ のことを「力積」という。

# 第3章

# 運動方程式の解き方（一階微分方程式）

3章では、「速度 $v$ 」に応じた「抵抗力」を受ける物体の運動を考えます。この場合、運動方程式は「一階微分方程式」になります。

その解き方は次の通り。

1. 問題文を図に直し、「$v$ に関する一階微分方程式」を立てる。
2. 「変数分離法」をつかって「一階微分方程式」を解く。
3. 速度 $v(t)$ の解を得る。

「一階微分方程式」では、解として速度 $v(t)$ が得られます。

それを時間 $t$ で積分すれば、位置 $x(t)$ も求めることができます。

**i アリストテレス（前384 - 前322）**

ギリシアの哲学者。自然学をはじめとする様々な学問の基礎を築き、「万学の祖」と称される。「重いものほど早く落ちる」のような誤りもあったが、ガリレオの登場まで絶対視されていた。

## 3.0 雨粒こわい

2章では、自由落下する物体の速度を計算しました。
せっかくなので、ためしにこの式を使って上空 2000 m の雨雲から降ってくる雨滴の速さを計算してみましょう。

まず、重力加速度 9.8 $\mathrm{m/s^2}$、初速度 0 m/s、初期位置 0 m を入れたときの「等加速度直線運動」の解 $x(t) = 4.9\,t^2$ に、$x(t) = 2000$ を入れてみます。
すると、地面に着くまでの時間がおよそ $t = 20$ であることが分かります。
これを $v(t) = 9.8\,t$ に代入すると $v(20) = 196\,\mathrm{m/s} = 705.6\,\mathrm{km/h}$ となります。

… ん？ 時速 700 km？ 新幹線の倍以上！？
そんなものが降ってきたら、傘も地面も穴だらけです！ ゜。(゜Д゜;) ≡ (;゜Д゜)。゜

空気の抵抗があれば、十分遅くなるのでしょうか？
それとも、雨雲の高さによっては、さらに速くなるのでしょうか？
気になります！ 運動方程式を使って分析してみましょう。

図3.1 雨に“撃たれる”!?

**i 雨雲の高度**

乱層雲の高度は、2000 ～ 7000 m。
積乱雲の高度は、地表付近 ～ 10000 m以上。

## 3.1 抵抗（速度に応じた逆向きの力）

雨滴の速度を分析する為には、まず、「抵抗」の性質を知る必要があります。

たとえば、プールで感じる「水の抵抗」を思い出してください。

プールの中を歩こうとすると、陸上にいるときよりも歩きにくく感じるはずです。これは、「慣性の法則」によってその場に居続けようとする水の分子を退ける必要があるためです。このとき感じる力が「抵抗（resistance）」です。

また、もしこれが水ではなくベタベタの油だったら、さらに進みにくくなります。というのも、液体の摩擦、すなわち「粘性」も「抵抗」の原因となるからです。

そこで、これらはそれぞれの特徴を表して、「慣性抵抗（inertial resistance）」と「粘性抵抗（viscous resistance）」と呼ばれます。

実際に水を掻いてみると分かりますが、手を速く動かそうとすればするほど「抵抗」は強くなります。つまり、物体の速度 $v$ に応じて大きくなるわけです。

ただし、「粘性抵抗」と「慣性抵抗」では $v$ に対する振る舞いが違います。

「粘性抵抗」は $v$ の一乗に比例します。

「慣性抵抗」は $v$ の二乗に比例します。

そのため、速度 $v$ が10倍、100倍になると、「慣性抵抗」は100倍、10000倍と増大し、「粘性抵抗」よりもはるかに大きくなります。

つまり、速度が速い場合は「慣性抵抗」が運動を支配します。

反対に、速度 $v$ が1/10、1/100 になると、「慣性抵抗」は1/100、1/10000 というように、「粘性抵抗」よりも早いペースで減少していきます。

つまり、速度が遅い場合は「粘性抵抗」が運動を支配するというわけです。

どちらの場合も運動方程式を解くことができます。さっそく計算してみましょう。

**i 導関数の公式（自然対数）**

$$\frac{d}{dx}(\ln x) = x^{-1}$$

## 3.2 図の描き方と符号のつけ方

これより、「抵抗を受ける物体の運動」を解いていきます。

… と言っても、いきなり運動方程式を書き始めてはいけません。

力学の基本は図を描くところから。まずは次の順序で図を描きます。

1. 物体を描く。
2. 物体が受けるすべての力を、（物体の中心を起点とする）矢印で描く。
3. 座標軸を描いて、正の向きと原点を自分で決める。
4. （物体の隣に）物体の速度を表す矢印を描く。
5. 力の大きさや速さを文字式で表す。

… 描けたでしょうか？ 完成すると図3.2 のようになります。

ちなみに、この図では抵抗の式を $bv$ と書いてマイナスはつけませんでした。これは速度 $v$ の矢印に対して抵抗の矢印が既に逆を向いていたからです。逆向きの力というつもりで $-bv$ と書く人もいるかもしれませんが、その場合は速度 $v$ に対して逆向きという意味だけでなく、力の矢印に対するマイナスや、座標軸に対するマイナスなど、複数の解釈ができるので注意が必要です。

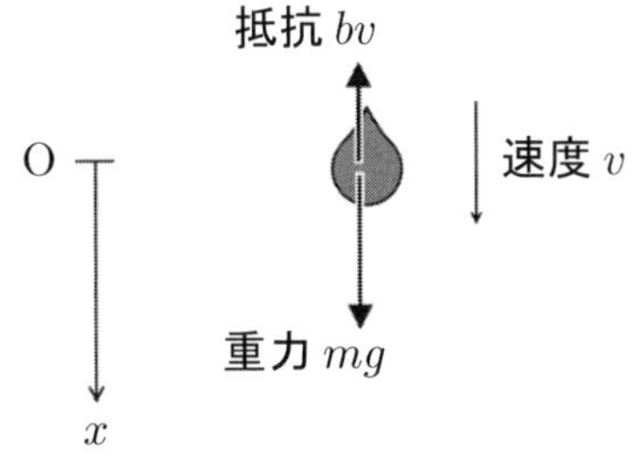


図3.2 抵抗を受ける落下運動

**i 不定積分の公式（分数式）**

$$\int \frac{1}{x}\,dx = \ln x + \mathrm{C}$$

## 3.3 一階微分方程式（粘性抵抗）

ではまず、速度の一乗に比例する「粘性抵抗」を受けながら落下する物体の運動を考えます（図3.3）。

速度は時間と共に変化するので $t$ の関数 $v(t)$ と書けます。また、粘性抵抗の比例係数（正の値とする）には $b$ や $k$ という文字がよく使われます。

座標軸を下向きにとれば $mg$ と $v(t)$ は常にプラス、一方、粘性抵抗は $v(t)$ に対して逆向きなので式では $-bv(t)$ と書けます。その結果、運動方程式は

$$ma(t) = mg - bv(t)$$

と書けて、ここで左辺の $a(t)$ を $v(t)$ の導関数に書き直すと、

$$m\frac{dv(t)}{dt} = mg - bv(t)$$

となります。このように、（時間 $t$ で）1回だけ微分した導関数を含む方程式のことを、「一階微分方程式」とよびます。

これを解くためには、左辺が関数 $v(t)$ に関する式（変数 $t$ を使わない式）、右辺が変数 $t$ に関する式になるよう、式を変形します。

こうしたテクニックのことを、「変数分離」と呼びます。

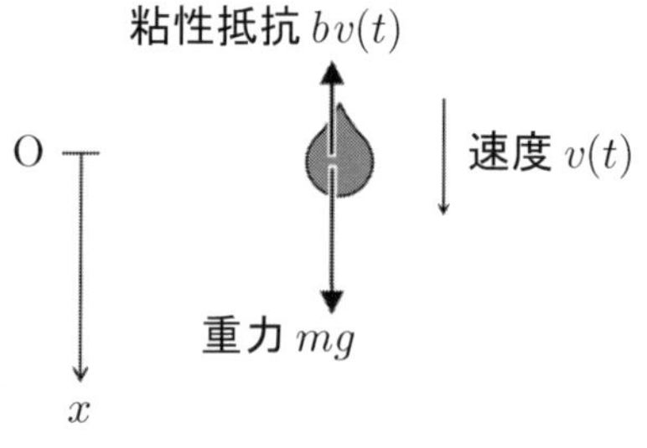


図3.3 粘性抵抗を受ける落下運動

**i 導関数の公式（自然対数）（右との対比用。本文とは関係なし。）**

$$\frac{d}{dx}(\ln|ax+b|) = \frac{a}{ax+b}$$

まず、($v(t)$ に関する式) $\times dv(t)/dt =$（定数）という形にしていきます。

$$\frac{dv(t)}{dt} = g - \frac{b}{m}\,v(t)$$

$$\frac{dv(t)}{dt} = -\frac{b}{m}\left(v(t) - \frac{mg}{b}\right)$$

$$\frac{1}{v(t) - \frac{mg}{b}}\frac{dv(t)}{dt} = -\frac{b}{m}$$

次に「導関数を分数のように扱う」というテクニックを使います。どうするかというと、分母(?)の $dt$ を右辺に移して両辺にインテグラルをつけます。すると次の式が得られます。（以下、$t$ の関数であることを表す $(t)$ は省略します。）

$$\frac{1}{v - \frac{mg}{b}}\,dv = -\frac{b}{m}\,dt$$

$$\int \frac{1}{v - \frac{mg}{b}}\,dv = -\int \frac{b}{m}\,dt$$

ここで不定積分の公式を使います（下のコラム欄参照）。すると、

$$\ln|v - \frac{mg}{b}| + \mathrm{C}_1 = -\frac{b}{m}\,t + \mathrm{C}_2$$

（$\mathrm{C}_n$ は積分定数）

となります。よって、両辺の指数をとる（対数の式を指数の式に直す）と、

$$|v - \frac{mg}{b}| = \mathrm{e}^{-\frac{b}{m}\,t + \mathrm{C}_3}$$

となり、左辺の絶対値による±と、右辺の $\mathrm{e}^{\mathrm{C}_3}$ を一つの定数にまとめれば、

$$v - \frac{mg}{b} = \pm\mathrm{e}^{-\frac{b}{m}\,t + \mathrm{C}_3} = \mathrm{C}_4\,\mathrm{e}^{-\frac{b}{m}\,t}$$

となります。よって、方程式の解は次のようになります。

$$v(t) = \mathrm{C}\,\mathrm{e}^{-\frac{b}{m}\,t} + \frac{mg}{b}$$

**i 不定積分の公式（分数式）**

$$\int \frac{1}{ax+b}\,dx = \frac{1}{a}\ln|ax+b| + \mathrm{C} \qquad (\,a \neq 0\,)$$

## 3.4 一階微分方程式（慣性抵抗）

今度は、速度の二乗に比例する「慣性抵抗」を受けながら落下する物体の運動を考えます（図3.4）。

速度は時間と共に変化するので $t$ の関数 $v(t)$ と書けます。また、慣性抵抗の比例係数（正の値とする）には $b$ や $\kappa$ という文字がよく使われます。

座標軸を下向きにとれば $mg$ と $v(t)$ は常にプラス、一方、慣性抵抗は $v(t)$ に対して逆向きなので式では $-\kappa v(t)^2$ と書けます。その結果、運動方程式は

$$ma(t) = mg - \kappa v(t)^2$$

と書けて、ここで左辺の $a(t)$ を $v(t)$ の導関数に書き直すと、

$$m\frac{dv(t)}{dt} = mg - \kappa v(t)^2$$

となります。3.3節と同様、（時間 $t$ で）1回だけ微分した導関数を含む方程式なので、これも「一階微分方程式」です。

これを解くためには、左辺が関数 $v(t)$ に関する式（変数 $t$ を使わない式）、右辺が変数 $t$ に関する式になるよう、式を変形します。

つまり、「変数分離」を行います。

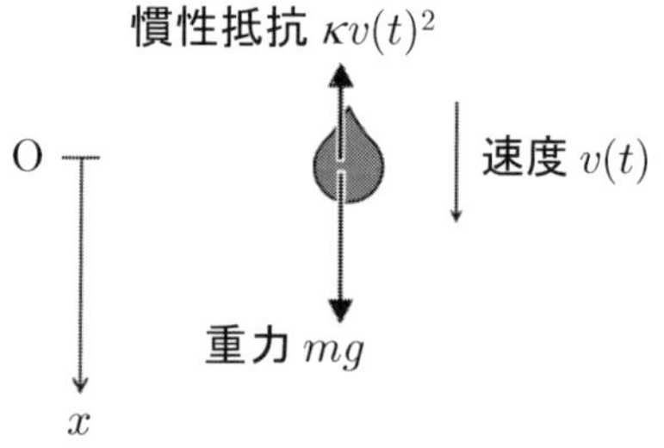


図3.4 慣性抵抗を受ける落下運動

**i 不定積分の公式（分数式）（右との対比用。本文とは関係なし。）**

$$\int \frac{1}{x^2 + a^2}\,dx = \frac{1}{a}\arctan\frac{x}{a} + \mathrm{C} \qquad (\, a \neq 0 \,)$$

まず、$(v(t)$ に関する式$) \times dv(t)/dt =$（定数）という形にしていきます。

$$\frac{dv(t)}{dt} = g - \frac{\kappa}{m}\, v(t)^2$$

$$\frac{dv(t)}{dt} = -\frac{\kappa}{m}\left(v(t)^2 - \frac{mg}{\kappa}\right)$$

$$\frac{1}{v(t)^2 - \frac{mg}{\kappa}}\frac{dv(t)}{dt} = -\frac{\kappa}{m}$$

ここで 3.3節と同じテクニックを使います。（以下、$v(t)$ の$(t)$ は省略します。）

$$\frac{1}{v^2 - \frac{mg}{\kappa}}\, dv = -\frac{\kappa}{m}\, dt$$

$$\int \frac{1}{v^2 - \frac{mg}{\kappa}}\, dv = -\int \frac{\kappa}{m}\, dt$$

ここで不定積分の公式を使います（下のコラム欄参照）。すると、

$$\frac{1}{2\sqrt{\frac{mg}{\kappa}}}\ln\left|\frac{v - \sqrt{\frac{mg}{\kappa}}}{v + \sqrt{\frac{mg}{\kappa}}}\right| + \mathrm{C}_1 = -\frac{\kappa}{m}\, t + \mathrm{C}_2$$

となります。よって、両辺の指数をとると次のようになります。

$$\left|\frac{v - \sqrt{\frac{mg}{\kappa}}}{v + \sqrt{\frac{mg}{\kappa}}}\right| = \mathrm{e}^{-\frac{\kappa}{m}2\sqrt{\frac{mg}{\kappa}}\, t + \mathrm{C}_3}$$

$$\therefore \quad \frac{v - \sqrt{\frac{mg}{\kappa}}}{v + \sqrt{\frac{mg}{\kappa}}} = -\mathrm{C}_4\, \mathrm{e}^{-2\sqrt{\frac{\kappa g}{m}}\, t}$$

落下運動では、慣性抵抗が重力を超えることはないので、$mg \geq \kappa v^2$ です。そこで、$\mathrm{C}_4 > 0$ とするため右辺にマイナスをつけました。上の式を整理すると、

$$v(t) = \frac{1 - \mathrm{C}\, \mathrm{e}^{-2\sqrt{\frac{\kappa g}{m}}\, t}}{1 + \mathrm{C}\, \mathrm{e}^{-2\sqrt{\frac{\kappa g}{m}}\, t}}\sqrt{\frac{mg}{\kappa}}$$

という解が得られます。

i **不定積分の公式（分数式）**

$$\int \frac{1}{x^2 - a^2}\, dx = \frac{1}{2a}\ln\left|\frac{x-a}{x+a}\right| + \mathrm{C} \qquad (\, a > 0\, )$$

序章 1章 2章 3章 4章 5章 6章 7章 8章 索引

## 3.5 終端速度

3.3節と3.4節の「一階微分方程式」の解をまとめると、次のようになります。

「粘性抵抗」 $v(t)=\mathrm{C}\,\mathrm{e}^{-\frac{b}{m}t}+\dfrac{mg}{b}$ … ①

「慣性抵抗」 $v(t)=\dfrac{1-\mathrm{C}\,\mathrm{e}^{-2\sqrt{\frac{\kappa g}{m}}\,t}}{1+\mathrm{C}\,\mathrm{e}^{-2\sqrt{\frac{\kappa g}{m}}\,t}}\sqrt{\dfrac{mg}{\kappa}}$ … ②

物理ではさらに、初期条件から積分定数 C を求めることができます。
たとえば、初速度が 0 m/s の場合、次の条件が加わります。

$$v(0)=0$$

この式を $t=0$ とともに①式に代入すると、

$$\mathrm{C}\,\mathrm{e}^0+\frac{mg}{b}=0$$

となり、 $\mathrm{C}=-\dfrac{mg}{b}$ が得られます。

また、②式についても同様で、$t=0$ と $v(0)=0$ を②式に代入すると、
$\mathrm{C}=1$ が得られます。

よって、これらの値を①式と②式に代入すれば、速度の式が完成します。

「粘性抵抗」 $v(t)=\dfrac{mg}{b}\left(1-\mathrm{e}^{-\frac{b}{m}t}\right)$

「慣性抵抗」 $v(t)=\dfrac{1-\mathrm{e}^{-2\sqrt{\frac{\kappa g}{m}}\,t}}{1+\mathrm{e}^{-2\sqrt{\frac{\kappa g}{m}}\,t}}\sqrt{\dfrac{mg}{\kappa}}$

**i 雨粒の大きさと形**

雨粒は大きな空気抵抗を受けると分裂するので、直径が 5 mmを超えることはないという。
また、形も空気抵抗の影響を受ける為、しずく型というよりは、つぶれた饅頭のようになる。

ところで、この二つの式には共通点があります。

それは、どちらも $\mathrm{e}^{-\square t}$ を含んでいるという点。

$t\to\infty$ の極限をとると $\mathrm{e}^{-\square t}$ はゼロに向かうので、速度 $v(t)$ の極限は、

「粘性抵抗」
$$\lim_{t\to\infty} v(t)=\frac{mg}{b}$$

「慣性抵抗」
$$\lim_{t\to\infty} v(t)=\sqrt{\frac{mg}{\kappa}}$$

となり、十分時間が経てば、どちらも一定の速度に落ち着くことがわかります。この速度のことを、「終端速度(terminal velocity)」と言います。(この状況は、速度とともに抵抗が増加し、ちょうど重力とつりあった状態を表しています。)

ちなみに、この二つの式からは、$m$ が大きいほど終端速度が速くなることも分かります。

実際、雨滴の速度は、雨粒の大きさに依存していて、

直径 0.5 mm の霧雨の場合、終端速度は 2 m/s (時速7.2 km)、

直径 2 mm の普通の雨の場合、終端速度は 7 m/s (時速25 km)、

直径 5 mm の激しい雨の場合、終端速度は 10 m/s (時速36 km)

程度になるそうです。このぐらいなら傘で防げそうですね。 ε-(´∀`) ホッ

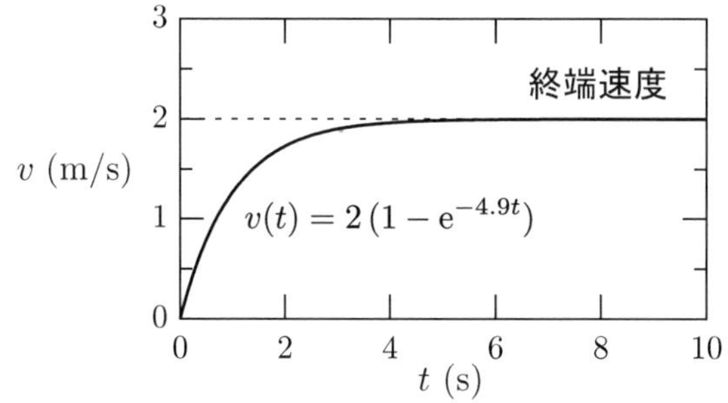


図3.5 雨滴の速度の時間変化と終端速度

## i 空から降る氷の粒

直径 5 mm 未満のものを「あられ」、直径 5 mm 以上のものを「雹(ひょう)」とよぶ。
直径 5 cm 以上の雹の場合、終端速度は 30 m/s (時速108 km)を超えるので要注意。

基本問題 3.1（不定積分の公式）

(1) $\dfrac{1}{x}$　(2) $\dfrac{1}{x^2}$　(3) $\dfrac{1}{ax+b}$ $(a \neq 0)$　(4) $\dfrac{1}{x^2-a^2}$ $(a > 0)$　の不定積分を書け。

… 解答 ……

(1) $\displaystyle\int \frac{1}{x}\,dx = \ln|x| + \mathrm{C}$　(2) $\displaystyle\int \frac{1}{x^2}\,dx = -\frac{1}{x} + \mathrm{C}$

(3) $\displaystyle\int \frac{1}{ax+b}\,dx = \frac{1}{a}\ln|ax+b| + \mathrm{C}$　(4) $\displaystyle\int \frac{1}{x^2-a^2}\,dx = \frac{1}{2a}\ln\left|\frac{x-a}{x+a}\right| + \mathrm{C}$

基本問題 3.2（抵抗が働く水平運動）

水平で滑らかな床の上に置かれた質量 $m$ の物体を、水平方向に初速度 $v_0$ で打ち出す。

(1) 物体が粘性抵抗のみによって減速する場合の運動方程式を立てて、速度 $v(t)$ を求めよ。

(2) 物体が慣性抵抗のみによって減速する場合の運動方程式を立てて、速度 $v(t)$ を求めよ。

… 解答 ……

(1) 進行方向に対して逆向きに速度の一乗に比例する抵抗を受けるので、運動方程式は

$m\dfrac{dv}{dt} = -bv$　と書ける。この式を変数分離して両辺を積分すると、

$\displaystyle\int \frac{1}{v}\,dv = -\int \frac{b}{m}\,dt$　となり、$\ln|v| = -\dfrac{b}{m}t + \mathrm{C}$　が得られる。

よって、$v(t) = \mathrm{e}^{-\frac{b}{m}t+\mathrm{C}}$ となり、初期条件 $v(0) = \mathrm{e}^{\mathrm{C}} = v_0$ より、

$v(t) = v_0\mathrm{e}^{-\frac{b}{m}t}$　が得られる。

(2) 進行方向に対して逆向きに速度の二乗に比例する抵抗を受けるので、運動方程式は

$m\dfrac{dv}{dt} = -\kappa v^2$ と書ける。この式を変数分離して両辺を積分すると、

$\displaystyle\int \frac{1}{v^2}\,dv = -\int \frac{\kappa}{m}\,dt$　となり、$-\dfrac{1}{v} = -\dfrac{\kappa}{m}t + \mathrm{C}$　が得られる。

よって、$v(t) = \dfrac{1}{\frac{\kappa}{m}t - \mathrm{C}}$ となり、初期条件 $v(0) = \dfrac{1}{-\mathrm{C}} = v_0$　より、

$v(t) = \dfrac{1}{\frac{\kappa}{m}t + \frac{1}{v_0}}$　が得られる。

演習 3.1（双曲線関数）

$\tanh x = \dfrac{e^x - e^{-x}}{e^x + e^{-x}} = \dfrac{1-e^{-2x}}{1+e^{-2x}}$、$\cosh x = \dfrac{e^x + e^{-x}}{2}$ に対して、$\displaystyle\int \tanh x\,dx = \ln(\cosh x) + C$

が成り立つことを示せ。

演習 3.2（雨滴の速度の時間積分）

初速度 0 m/s の場合の以下の雨滴の速度 $v(t)$ を時間 $t$ で積分して、位置 $x(t)$ を求めよ。

(1) 粘性抵抗による雨滴の速度 $v(t) = -\dfrac{mg}{b}e^{-\frac{b}{m}t} + \dfrac{mg}{b}$

(2) 慣性抵抗による雨滴の速度 $v(t) = \dfrac{1-e^{-2\sqrt{\frac{\kappa g}{m}}t}}{1+e^{-2\sqrt{\frac{\kappa g}{m}}t}}\sqrt{\dfrac{mg}{\kappa}}$

演習 3.3（ストークスの法則）

半径 $r$ の球が速度 $v$ で粘性係数 $\eta$ の流体中を運動するとき、その粘性抵抗は $6\pi\eta r v$ となる（ストークスの法則）。一方、雨滴を半径 $r$ の球と仮定し、水の密度を $\rho$ とすると、質量 $m$ は $4\pi r^3\rho/3$ となる。この二つの式から、雨滴の終端速度が半径 $r$ の二乗に比例することを示せ。

… 解答 ………………………………………………

演習 3.1 $\dfrac{d}{dx}(\cosh x) = \dfrac{e^x - e^{-x}}{2}$ なので、$\tanh x = \dfrac{(\cosh x)'}{\cosh x}$ が成り立つ。

よって、積分公式 $\displaystyle\int \frac{f'(x)}{f(x)}dx = \ln|f(x)| + C$ に $f(x) = \cosh x$ を代入すれば、

$\cosh x > 0$ より、$\displaystyle\int \tanh x\,dx = \int \frac{(\cosh x)'}{\cosh x}dx = \ln(\cosh x) + C$ が導かれる。

演習 3.2 (1)

$$x(t) = \int_0^t v(t)dt = \frac{mg}{b}\int_0^t \left(-e^{-\frac{b}{m}t} + 1\right)dt = \frac{mg}{b}\left[\frac{m}{b}e^{-\frac{b}{m}t} + t\right]_0^t$$

$$= \frac{m^2 g}{b^2}e^{-\frac{b}{m}t} + \frac{mg}{b}t - C$$

(2)

$$x(t) = \int_0^t v(t)dt = \sqrt{\frac{mg}{\kappa}}\int_0^t \left(\frac{1-e^{-2\sqrt{\frac{\kappa g}{m}}t}}{1+e^{-2\sqrt{\frac{\kappa g}{m}}t}}\right)dt = \sqrt{\frac{mg}{\kappa}}\int_0^t \tanh(\sqrt{\frac{\kappa g}{m}}t)dt$$

$$= \frac{m}{\kappa}\ln\left(\cosh(\sqrt{\frac{\kappa g}{m}}t)\right) - C$$

演習 3.3 終端速度 $\displaystyle\lim_{t\to\infty} v(t) = mg/b$ に、$b = 6\pi\eta r$ と $m = 4\pi r^3\rho/3$ を代入すれば、

$\displaystyle\lim_{t\to\infty} v(t) = \frac{4\pi r^3\rho}{3}\frac{1}{6\pi\eta r}g = \frac{2\rho g}{9\eta}r^2$ が得られる。

# 第4章

# 運動方程式の解き方（二階微分方程式）

4章では、「位置 $x$ 」に応じた「復元力」を受ける物体の運動を考えます。この場合、運動方程式は「二階微分方程式」になります。

その解き方は次の通り。

1. 問題文を図になおし、「$x$ に関する二階微分方程式」をたてる。
2. 「変数分離法」をつかって「二階微分方程式」を解く。
3. 位置 $x(t)$ の解を得る。

「二階微分方程式」では、解として位置 $x(t)$ が得られます。この解は、「角周波数 $\omega$ 」、「振幅 A」、「初期位相 $\alpha$ 」を使って表されます。

i **ロバート・フック （1635 - 1703）**

イギリスの科学者。フックの法則や熱力学のボイルの法則を発見し、複式顕微鏡も発明した。王立協会の発展にも寄与したが肖像画が残っていない。ニュートンに嫌われていたらしい。

## 4.0 止まる方がむずかしい空中浮遊

ドローン、マジシャン、超能力者、ときには異国のまじない師まで、現実でもフィクションでも空中には様々な物が浮かびます。彼らはよくこう説明されます。
『重力を打ち消す力で浮かんでいるのさ！』 (`・ω・´)

でも、ちょっと待った。力がつりあうだけでは、最初に地面から離れることができません。一方、浮力が重力を上回っているならば、上向きに加速し続けて無限の彼方へ飛んでいってしまうはずです。それが「運動の法則」です。
『いやいや、そこは空気抵抗がブレーキになって…』 ヾ(・ω・`;)ﾉ

それも間違い。だって、空気抵抗は最終的に加速させる力とつりあうだけで物体は「終端速度」で動き続けるはずです。雨滴の速度で確認しました。
『なるほど、一定の速度で永遠に…って、止まれない!?』 Σ(゜ω゜;)

そうです、止まれません。では、どうして目の前に浮かんでいるのでしょう？

図4.1 一度浮かんだら止まれない !?

**i ドローン (drone)**

遠隔操作や自動操縦による自律飛行が可能な無人航空機。ジャイロセンサーやGPS によって制御されているが、正しく扱わないとどこかへ飛んでいってしまうことがある。

## 4.1 復元力（ずれに比例する逆向きの力）

空中の一箇所に留まる単純な方法。それは、上に行き過ぎたら下に戻す、下に行き過ぎたら上に戻す、といったように、位置のずれに対して元の位置に戻そうとする力、「復元力」をかけることです。

ドローンのようにコンピューターに出力制御を任せるという方法もありますが、自然現象の中にもそんな状況を作れるものがあります。バネです。

知ってのとおり、バネは一点を中心に振動します。この振動の幅を限りなく狭くできれば、一箇所に留まっているように見えるはずです。

1676年、バネをはじめとする弾性体の伸びについて研究していたフックは、『全体の伸びはそれを引く力に比例する』という「フックの法則」を発表します。

バネの伸びを $x$ 、力を $F$、比例係数を $k$（バネ定数）で表せば、この法則は、

$F = kx$　　と書き直せます。

これが元に戻そうとするバネの復元力 $F_{\mathrm{S}}$ とつりあっているので、$F_{\mathrm{S}}$ は、

$F_{\mathrm{S}} = -kx$　　となります。

たしかに位置のずれ $x$ に対して元の位置に戻すように力が働いています。

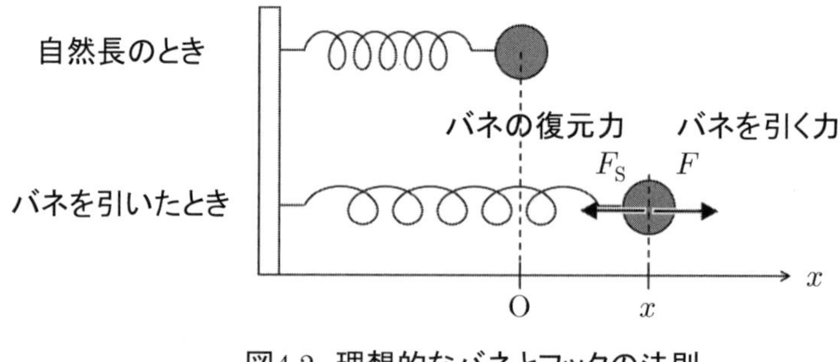


図4.2　理想的なバネとフックの法則

**i　合成関数の微分法の応用**

$$\frac{d}{dt}\left(\left(\frac{dx}{dt}\right)^2\right) = \frac{d}{dt}\left(\frac{dx}{dt}\times\frac{dx}{dt}\right) = 2\,\frac{dx}{dt}\,\frac{d^2x}{dt^2}$$

## 4.2　二階微分方程式（理想的なバネの運動）

それでは実際に「フックの法則」から運動方程式を立てて、バネによる振動を表す解を導きましょう。（図4.2）

ここで重要な役割を果たすのが $kx$ の前についているマイナスの記号です。

復元力は位置のずれを逆向きに戻す力なので、ずれが＋なら復元力は－、ずれが－なら復元力は＋になります。つまり、座標軸の原点を振動の中心に設定してやれば、$x$ がそのまま「ずれ」を表すようになり、これに「－」をつけるだけで、復元力の向きまで表現できるというわけです。よって、運動方程式は

$$m\frac{d^2x}{dt^2} = -kx \qquad \cdots ①$$

と書けます。ここで、あとの計算がきれいになるよう、

$$\omega^2 = \frac{k}{m} \qquad \cdots ②$$

という新しい文字 $\omega$ をおけば、運動方程式は、

$$\frac{d^2x}{dt^2} = -\omega^2 x \qquad \cdots ③$$

となります。このように（時間 $t$ で）2回微分した導関数を含む方程式のことを、「二階微分方程式」とよびます。

ここでちょっとしたテクニックを使います。まず両辺に $dx/dt$ をかけます。

$$\frac{dx}{dt}\frac{d^2x}{dt^2} = -\omega^2 x\frac{dx}{dt}$$

この両辺を $t$ で積分すると、次のようになります。

$$\frac{1}{2}\left(\frac{dx}{dt}\right)^2 = -\frac{1}{2}\omega^2x^2 + \mathrm{C}$$

**i　置換積分の公式**

$$\int f(x)dx = \int f(g(t))\frac{dg(t)}{dt}dt$$

ここで、左辺はゼロ以上なので、等号が成り立つ為には $\mathrm{C}>0$ でなければなりません。そこで、あとの計算を考えて、$\mathrm{C}=a^2\omega^2/2$ と置き直します。

すると、次の式が得られます。

$$\frac{1}{2}\left(\frac{dx}{dt}\right)^2=\frac{1}{2}\left(a^2-x^2\right)\omega^2$$

$$\therefore \quad \frac{1}{\sqrt{a^2-x^2}}\frac{dx}{dt}=\pm\omega$$

ここで、3章と同様、「変数分離」を行います。

導関数の下の $dt$ を右辺に移したうえで、両辺にインテグラルをつけると、

$$\int\frac{1}{\sqrt{a^2-x^2}}\,dx=\int(\pm\omega)\,dt$$

と書けます。

この左辺には不定積分の公式（下のコラム参照）を使うことができるので、

$$\arcsin\frac{x}{a}=\pm\omega t+\mathrm{C}$$

が得られます。ここで、$\arcsin$ は正弦関数の逆関数なので、正弦関数の形に変形して、分母の $a$ を右辺にもっていくと、次の式が得られます。

$$x=a\sin(\pm\omega t+\mathrm{C})$$

そこで、$a$ と C 、そして $\omega$ の前の $\pm$ を A や $\alpha$ といった定数に取り込めば、

$$x(t)=\mathrm{A}\sin(\omega t+\alpha) \qquad \cdots ④$$

という解が得られます。また、これを時間 $t$ で微分すれば速度も得られます。

$$v(t)=\mathrm{A}\omega\cos(\omega t+\alpha) \qquad \cdots ⑤$$

②式で定義したように、$\omega$ はバネ定数と物体の質量から決まる定数です。

また、定数 A と $\alpha$ も初期条件から求められるので、解の導出はこれで完了ですが、それぞれの定数の物理的な意味について、もう少し見ておきましょう。

**i 不定積分の公式（平方根を分母に含む分数式）**

$$\int\frac{1}{\sqrt{a^2-x^2}}\,dx=\arcsin\frac{x}{a}+\mathrm{C}$$

## 4.3 角周波数（角振動数）$\omega$

$\omega$ の意味は、縦軸を $x$ 、横軸を $t$ としたグラフを作ると理解しやすいです。

たとえば、図4.3 の(a) から(b) へと $\omega$ を 2 倍にした時の変化を見て下さい。波の数が増えていることに気づくはずです。

これは④式の正弦関数の中の $\omega\, t$ によるものです。

④式において、$\omega$ が 2 倍になると $\omega t = 2\pi$ を満たす為の $t$ は半分になります。これはつまり、波が 1 周するのにかかる時間が半分になるということ。そこで、1 秒間に波が何周するか（1 秒あたり何個の振動が含まれるか）を表す言葉として「周波数（振動数）(frequency)」という用語が作られました。

これが $\omega$ の正体です …と言いそうになりますが、じつは $t = 0$ から $t = 1$ までの 1 秒間に注目しても、波は $\omega$ 個ありません。

$\omega$ 個の波が現れる為には、$t = 0$ から $t = 2\pi$ までの $2\pi$ 秒間が必要です。

そこで、1 秒間あたりの波（振動）の数は、当初の通り「周波数（振動数）」と呼ぶことにし、$2\pi$ 秒間あたりの波（振動）の数の方は、「角周波数（角振動数）(angular frequency)」と呼ぶことになりました。この後者が $\omega$ の正体です。

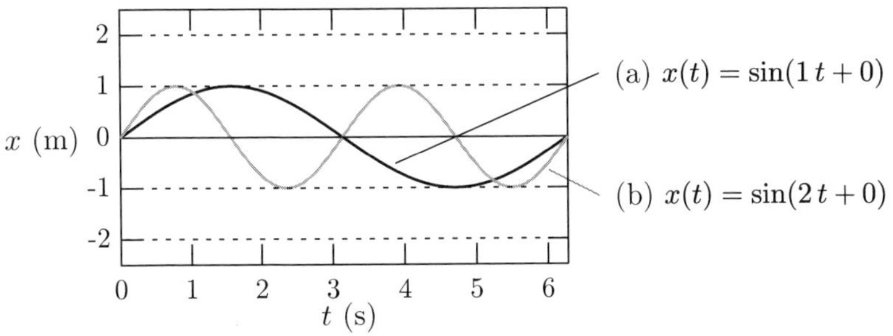


図4.3 角周波数 (a) $\omega = 1$ のとき (b) $\omega = 2$ のとき

**i 逆関数 (inverse function)**

関数 $y = f(x)$ において $x$ と $y$ が1対1で対応している場合、対応の向きを逆にした関数 $x = g(y)$ を用意することができる。このような関数 $g(x)$ のことを $f(x)$ の逆関数という。

序章 1章 2章 3章 4章 5章 6章 7章 8章 索引

## 4.4 振幅 A

積分定数に由来する A と $\alpha$ は初期条件から求められます。たとえば、

(a) バネを1 m 引っ張ってからそっと手を離した場合

位置と速度の初期条件は、次のように書けます。

$$x(0)=1,\ v(0)=0$$

これを④式と⑤式に代入すれば、$\mathrm{A}\sin\alpha=1$ 、$\mathrm{A}\omega\cos\alpha=0$ が得られ、ここで $\mathrm{A}>0$ とすれば、$\alpha=\pi/2$ 、$\mathrm{A}=1$ が導かれます。よって、④式より、

$$x(t)=1\ \sin(\omega t+\pi/2)$$ という解が得られます。

(b) バネを2 m 引っ張ってからそっと手を離した場合

位置と速度の初期条件は、次のように書けます。

$$x(0)=2,\ v(0)=0$$

これを④式と⑤式に代入すれば、$\mathrm{A}\sin\alpha=2$ 、$\mathrm{A}\omega\cos\alpha=0$ が得られ、ここで $\mathrm{A}>0$ とすれば、$\alpha=\pi/2$ 、$\mathrm{A}=2$ が導かれます。よって、④式より、

$$x(t)=2\ \sin(\omega t+\pi/2)$$ という解が得られます。

このように、A は振動の大きさ(振動の中心からピークまでの幅)を決める値であることから、「振幅(amplitude)」と呼ばれます。

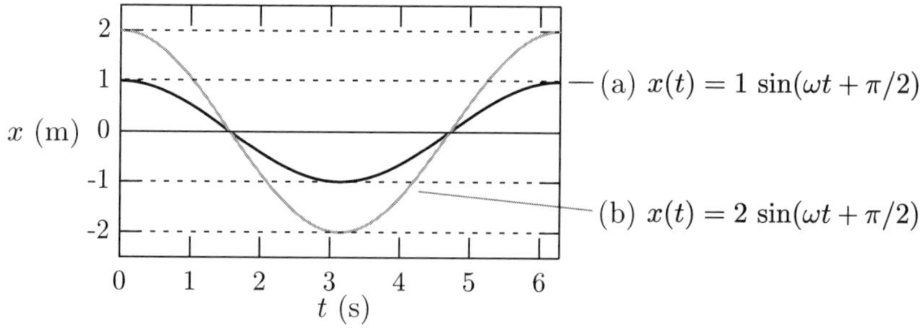


図4.4 振幅 (a) $\mathrm{A}=1$ (b) $\mathrm{A}=2$ (上の図は $\omega=1$ の場合)

**i 三角関数の導関数**

$$\frac{d}{dx}(\sin x)=\cos x \quad、\quad \frac{d}{dx}(\cos x)=-\sin x$$

## 4.5 初期位相 $\alpha$

次は、バネを振動させてからしばらく時間がたった状態を考えます。

ぼよよ〜ん… と、今です！ 今この瞬間、時計を $t=0$ にリセットします。

すると、振動を表すグラフは、サインカーブの途中から始まることになります。この「ずれ」を表現するのが、初期位相 $\alpha$ です。

バネの振動を横軸 $t$ 、縦軸 $x$ のグラフで描く場合、先端の位置を表す点はサインカーブをなぞりながら、時間とともに右へ右へと進みます。

ここである瞬間、$t=0$ をリセットすると、その瞬間の点に縦軸が重なるよう、座標軸全体が「右へ」ずれることになります。（逆に言うと、座標軸は動かずに、グラフだけが「左へ」ずれたと見ることもできます。）このときのずれの大きさは、$(\omega t+\alpha)=0$ を満たす $t$ を計算すれば求めることができます。

たとえば図4.5 のように、$\alpha=1$ 、$\omega=1$ のとき、$(1\,t+1)=0$ より、$t=-1$ となります。つまり、グラフは「左に 1 ずれる」というわけです。

このとき考えた $(\omega t+\alpha)$ の部分を「位相(phase)」と呼び、特に $t=0$ のときの位相 $(\omega\,0+\alpha)=\alpha$ のことを、「初期位相(initial phase)」と呼びます。

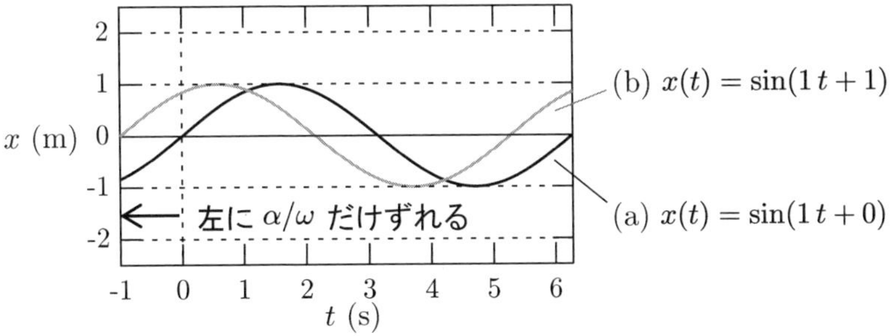


図4.5 初期位相とグラフのずれ (a) 元のグラフ($\alpha=0$) (b) $\alpha=1$

**i 三角関数の不定積分**

$$\int \sin x\,dx = -\cos x + \mathrm{C} \quad 、\quad \int \cos x\,dx = \sin x + \mathrm{C}$$

## 4.6　調和振動と単振動（ここまでのまとめ）

ここで一度、「理想的なバネの運動」についてまとめておきましょう。
フックの法則に従う理想的なバネには $F_{\mathrm{S}} = -kx$ という復元力が働きます。
このとき、運動方程式は次のように書けます。

$$m\frac{d^2x}{dt^2} = -kx$$

この二階微分方程式を解くと、次の解が得られます。

$$x(t) = \mathrm{A}\sin(\omega t + \alpha) \qquad \cdots ④$$

$$v(t) = \mathrm{A}\omega\cos(\omega t + \alpha) \qquad \cdots ⑤$$

（定数 $\omega$ 、A 、$\alpha$ はそれぞれ、図4.6 のような意味を持ちます。）

このように、「フックの法則に従う力のもとで振動する物体の運動」のことを「調和振動(harmonic oscillation)」と呼びます。

ちなみに、調和振動は一次元だけでなく、二次元や三次元のものも存在していますが、特に一次元のものが、「単振動(simple harmonic oscillation)」と呼ばれます。(simple harmonic motion と訳す場合もあります。)

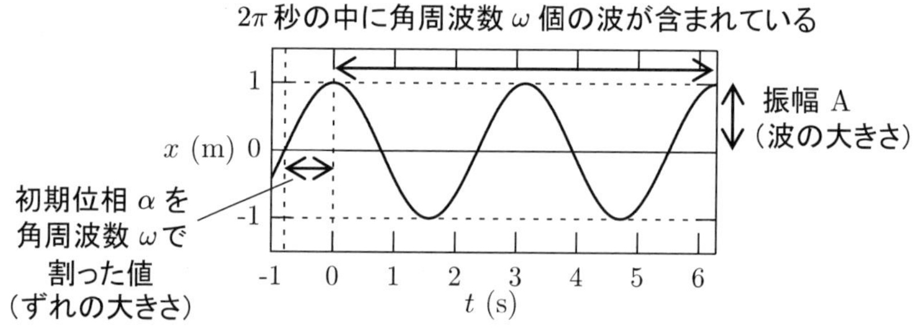


図4.6　$x(t) = \mathrm{A}\sin(\omega t + \alpha)$ のグラフ（$\mathrm{A} = 1, \omega = 2, \alpha = 2$ の場合）

**i　理想的なバネ**

フックの法則に従うバネのこと。現実のバネは、引っ張りすぎると元に戻らなくなったり、徐々に振動がおさまっていったりする為、完全にフックの法則に従うわけではない。

## 4.7 周期関数と周期 $T$

図4.6 のような正弦関数はもちろん、図4.7 のように複雑な関数であっても、一定間隔で同じパターンを繰り返す関数は「周期関数(periodic function)」と呼ばれます。周期関数のこの性質は、次の式で表すことができます。

$$x(t) = x(t+T)$$

これが成り立つ $T$ を一つ見つければ、それを整数倍したものでも上の式は成り立つので、$T$ は無数に存在するといえますが、その中で最小のものを「周期(period)」と呼び、基本的に $T$ という文字はこの最小のものを指します。

つまり、波は $T$ 秒間にちょうど 1 個含まれるというわけです。

また、$T$ の逆数をとれば、1 秒間あたりの波の数が得られます。

これはまさに、4.3節で名付けた「周波数(振動数)(frequency)」のことです。周波数にはfrequency の頭文字 $f$ という文字が使われ、次の式で表されます。

$$f = 1/T$$

特に、単振動 $x(t) = \mathrm{A}\sin(\omega t + \alpha)$ の場合は、次の関係が成り立ちます。

$$T = 2\pi/\omega \text{ 、 } f = \omega/2\pi$$

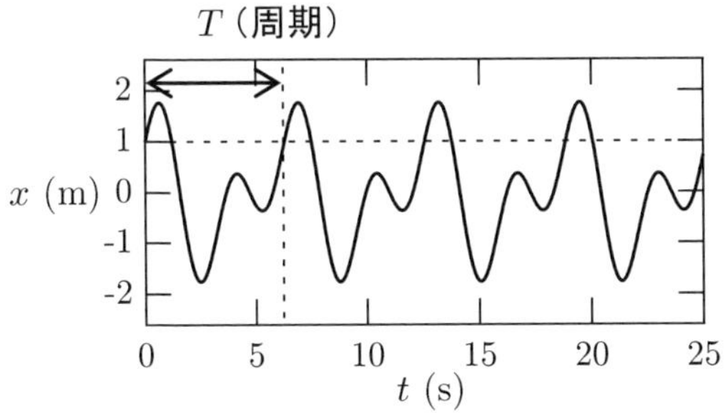


図4.7 複雑な周期関数

**i 調和振動子(harmonic oscillator)**

調和振動をする系(system)のこと。理想的なバネだけでなく、振動する物体や、その動きを記述するための座標軸なども含めた、システム全体を指す。

## 4.8【応用】理想的なバネにつるした物体の上下運動

ここまでは、復元力だけによる運動を考えてきました。
ここからは、重力など他の力も加わった運動について考えていきましょう。

まずは、バネを縦にして、物体を吊り下げた場合の運動を考えます（図4.8）。
バネを縦にしたことで、運動方程式には重力 $mg$ の項が追加されます。

$$m\frac{d^2x}{dt^2} = -kx + mg \qquad \cdots ⑥$$

すると $mg$ が邪魔になって、4.2節の方法では二階微分方程式を解くことができません。
しかし、$mg$ にはもう一つ、使える情報があります。力のつりあいです。
バネを縦向ける際、物体をそっと下ろしていけば、ある程度下げたところで重力と復元力がつりあって、物体は静止します。
このときのバネの伸びを $x_0$ とすれば、次式が成り立ちます。

$$mg - kx_0 = 0$$

これを⑥式に代入します。

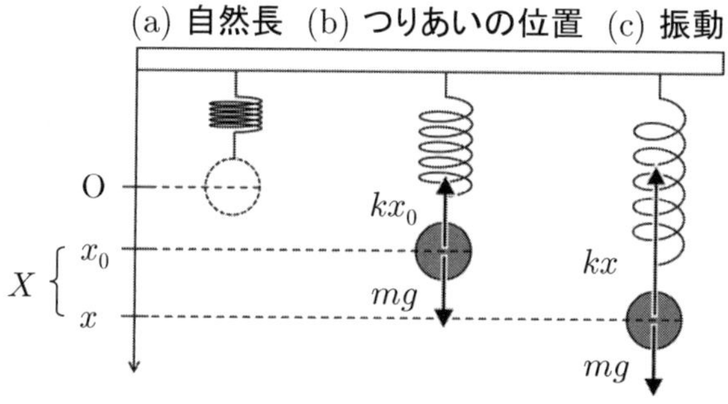


図4.8 理想的なバネにつるした物体の上下運動

**i 関数の和の微分法（定数倍）**

$$\frac{d}{dx}\left(kf(x)\right) = k\frac{df(x)}{dx}$$

ここで、あとの計算を考えて、つりあいの位置 $x_0$ から物体の位置 $x$ までの距離を $X$ と定義します。すると、⑥式は、

$$m\frac{d^2x}{dt^2} = -k(x_0 + X) + mg$$
$$= -kX \quad \cdots ⑦$$

と書けます。これで①式と同じ式が得られました… と言いたくなりますが、よく見て下さい。右辺が $X$ の式なのに対し、左辺は $x$ の式になっています。$X$ の二階微分方程式にする為には、左辺も $X$ の式にしないといけません。

ここで、上に書いた $X$ の定義より、$X = x - x_0$ と書き直すことができます。これを時間 $t$ で微分すると、

$$\frac{dX}{dt} = \frac{d}{dt}(x - x_0) = \frac{dx}{dt}$$

が得られ、さらにもう一回微分すれば、

$$\frac{d^2X}{dt^2} = \frac{d^2x}{dt^2}$$

となって、⑥式の左辺は $X$ の二次導関数に置き換えられるようになります。
よって、

$$m\frac{d^2X}{dt^2} = -kX \quad \cdots ⑧$$

となり、今度こそ①式と同じ運動方程式が得られました。あとは、

$$\omega = \sqrt{\frac{k}{m}}$$

とおけば、4.2節と同じ方法で解を導くことができます。その結果、
⑧式の解は、　$X(t) = \mathrm{A}\sin(\omega t + \alpha)$　となり、
物体の位置は、　$x(t) = \mathrm{A}\sin(\omega t + \alpha) + x_0$　となります。
また、周期は、　$T = 2\pi/\omega$　となります。

**i　関数の和の微分法（関数どうしの和）**

$$\frac{d}{dx}(f(x) \pm g(x)) = \frac{df(x)}{dx} \pm \frac{dg(x)}{dx}$$

## 4.9【応用】単振り子

重力によって左右に揺れる振り子の運動も、マクローリン展開による近似を使えば単振動として解くことができます(図4.9)。

ここでは、物体にかかる力として重力 $mg$ と糸の張力 $T$ を考えます。
重力 $mg$ は常に鉛直下向きにかかります。
一方、張力 $T$ はその時々の糸の向きに沿った方向にかかります。
重力 $mg$ を、糸に沿う方向の成分 $mg\cos\theta$ と、糸に垂直な成分 $mg\sin\theta$ に分解すると、糸に沿う方向の成分 $mg\cos\theta$ は張力 $T$ で打ち消されるので、運動方程式は糸と垂直な成分 $mg\sin\theta$ だけ考えればよいことが分かります。
よって、振り子の運動方程式は、その軌道に沿って次のように書けます。

$$m\frac{d^2x}{dt^2} = -mg\sin\theta \quad \cdots ⑨$$

ところが、この微分方程式、右辺が $\sin\theta$ のままでは解くことができません。
そんなときに役に立つのが、以下のマクローリン展開による近似式です。

$\sin\theta \approx \theta$ ( $\theta \ll 1$ のとき) ( $\theta$ は弧度法の角度)

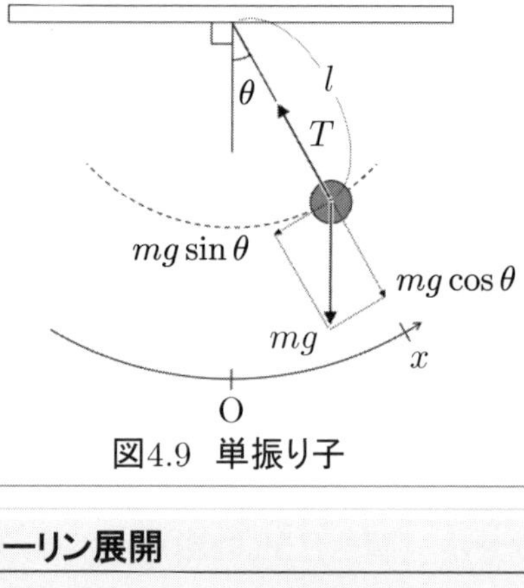


図4.9 単振り子

**i 正弦関数のマクローリン展開**

$$\sin x = \frac{x}{1!} - \frac{x^3}{3!} + \frac{x^5}{5!} - \frac{x^7}{7!} + \ldots + (-1)^n\frac{x^{2n+1}}{(2n+1)!} + \ldots \quad (-\infty < x < \infty)$$

この近似、$\theta$ が十分小さい場合しか使えないという点に注意が必要ですが、これを使うと⑨式は、

$$m\frac{d^2x}{dt^2} \approx -mg\theta \quad \cdots ⑩$$

と書けます。これで①式と同じ形が得られました…　と言いたくなりますが、よく見てください。左辺が $x$ の式なのに対し、右辺は $\theta$ の式になっています。$x$ の二階微分方程式にするためには、右辺も $x$ の式にしないといけません。

ここで、$\theta$ が「弧度法(circular measure)」の角度であることを利用します。

弧度法とは「円弧の長さ」を「円弧の半径」で割った値で「中心角の大きさ」を表す方法です。図4.9 のように、糸を鉛直に垂らした向きを基準として角度 $\theta$ を設定した場合、$\theta$ は（円弧の長さ $x$）/（円弧の半径 $l$）で定義されるので、

$$\theta = x/l$$

と書けます。これを⑩式に代入すれば、

$$m\frac{d^2x}{dt^2} = -mg\frac{x}{l} \quad \cdots ⑪$$

となり、左辺も右辺も $x$ の式で書けるようになります。ここで、

$$\omega = \sqrt{\frac{g}{l}}$$

とおけば、これは①式と全く同じ二階微分方程式になります。よって、

⑪式の解は、　$x(t) = \mathrm{A}\sin(\omega t + \alpha)$　となり、

周期は、　$T = 2\pi/\omega$　となります。

このように、「重力だけを受けて、二次元平面上の円弧を描いて動く振り子(糸の重さや糸の伸縮、振り子の先の物体の大きさなどは考えない)」のことを「単振り子(simple pendulum)」と呼び、特に $\theta$ が十分小さくて、$l\theta = l\sin\theta$ と近似できる場合、すなわち、円弧が直角三角形の一辺と同じ意味を持ち、振り子の軌道が直線に近似される場合、これは一次元の「単振動」となります。

### i　十分小さい角度

「○度以下ならば十分小さいとみなしてよい」、というような統一ルールは存在しない。実際は測定装置にも精度がある為、それより近似の影響が小さいかどうかが一つの目安となる。

## 4.10【応用】復元力と粘性抵抗の組み合わせ

最後に、復元力を3章の粘性抵抗と組み合わせてみましょう（図4.10）。二種類の力が同時に働く場合、振動はどんな運動に変わるでしょう？

粘性抵抗は $-bv$ 、復元力は $-kx$ なので、運動方程式は、

$$m\frac{d^2x}{dt^2} = -bv - kx \qquad \cdots ⑫$$

と書けます。ここで、このあとの計算の見栄えを良くするために、

$$b = 2m\gamma \text{ 、 } k = m\omega_0^2$$

とおくと、⑫式は次のように書き直せます。

$$m\frac{d^2x}{dt^2} = -2m\gamma\frac{dx}{dt} - m\omega_0^2 x$$

よって、

$$\frac{d^2x}{dt^2} + 2\gamma\frac{dx}{dt} + \omega_0^2 x = 0 \qquad \cdots ⑬$$

となり、これを「定数係数二階線形斉次常微分方程式」と呼びます。
（ていすうけいすう　にかい　せんけい　せいじ　じょうびぶん　ほうていしき）

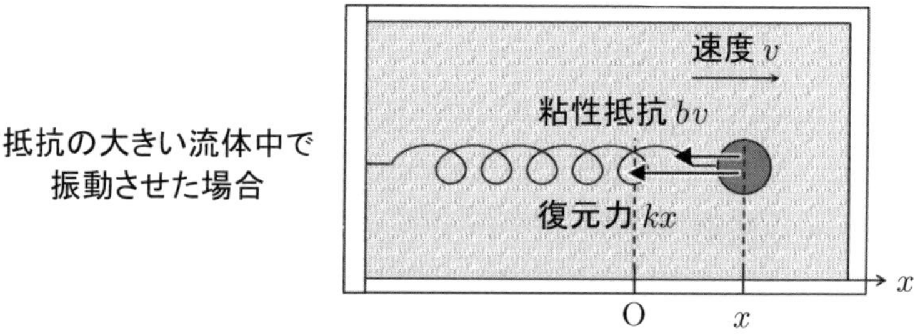

図4.10　減衰振動

**i 一般解**（general solution）

通常、常微分方程式の解は一つに定まらず、有限個の任意の定数を使って表される。これを「一般解」と呼ぶ。

さすがに16文字熟語は混乱しますね。言葉の解説をしておきましょう。

**【定数係数二階線形斉次常微分方程式】**

これは「定数係数」、「二階」、「線形」、「斉次」、「常微分方程式」という、五つの用語からなる言葉で、それぞれ方程式の性質を表しています。

$$\frac{d^2x}{dt^2} + 2\gamma\frac{dx}{dt} + \omega_0^2 x = f(t)$$

定数　定数　定数　⇒　定数係数

微分方程式に含まれる導関数の最高階　⇒　二階

$x\dfrac{dx}{dt}$ や $\left(\dfrac{dx}{dt}\right)^2$ のような、$x$ またはその導関数どうしの積や累乗を

- 含まないもの　⇒　線形
- 含むもの　⇒　非線形

右辺の $f(t)$

- $= 0$　⇒　斉次（せいじ）または　同次
- $\neq 0$　⇒　非斉次　または　非同次

関数 $x$ を微分する変数が

- 1 種類だけ（ $t$ だけ）⇒　常微分方程式
- 複数ある　⇒　偏微分方程式

力学で扱う方程式の多くは、「線形斉次微分方程式」です。この式には、「$x_1$ と $x_2$ という二つの解があるならば、その和 $x_1 + x_2$ も解になる」という性質があり、「一般解」を求める際によく利用されます。

**i　特殊解（particular solution）**

「常微分方程式の一般解」の任意の定数に、特定の値を代入したものを「特殊解」と呼ぶ。適当に当てはめてみて、偶然、方程式を満たす解が見つかれば、それは「特殊解」となる。

代表的な微分方程式にはパターン化された解き方があります。

詳しい解説は専門書に任せますが、⑬式では $x = \mathrm{A}\mathrm{e}^{\lambda t}$ とおいて代入します。

そして、得られた式を整理すると、解は $\lambda = -\gamma \pm \sqrt{\gamma^2 - \omega_0^2}$ という条件を満たすことがわかります。このとき、ルートの中身が正になるか負になるかでその先の解き方が変わることから、$\omega_0$ と $\gamma$ の大小関係で場合分けします。

(1) $\omega_0 > \gamma$ の場合（復元力が大きいとき）

$$x(t) = a\mathrm{e}^{-\gamma t}\cos(\omega' t - \alpha) \qquad \left( \omega' \equiv \sqrt{\omega_0^2 - \gamma^2} \right)$$

が一般解となり、図4.11 のように、振動しながら減衰していきます。

これは「不足減衰（underdamping）」と呼ばれます。

ちなみに、抵抗（$\gamma$）が大きくなるほど周期 $T = 2\pi/\omega'$ は長くなっていきます。

(2) $\omega_0 < \gamma$ の場合（抵抗が大きいとき）

$$x(t) = \mathrm{b}_1\,\mathrm{e}^{-\lambda_1 t} + \mathrm{b}_2\,\mathrm{e}^{-\lambda_2 t} \qquad \left( \begin{array}{l} \lambda_1 \equiv \gamma - \sqrt{\gamma^2 - \omega_0^2} \\ \lambda_2 \equiv \gamma + \sqrt{\gamma^2 - \omega_0^2} \end{array} \right)$$

が一般解となり、図4.12 のように、振動せずにただ減衰していきます。

これは「過減衰（overdamping）」と呼ばれます。

(3) $\omega_0 = \gamma$ の場合（復元力と抵抗のバランスがとれているとき）

この場合は、$x = \mathrm{A}\mathrm{e}^{\lambda t}$ の代わりに $x = u(t)e^{-\gamma t}$ とおきます。すると、

$$x(t) = (\mathrm{c}\,t + \mathrm{d})\mathrm{e}^{-\gamma t}$$

が一般解となり、図4.13 のように、振動しないぎりぎりのところで、「過減衰」よりも早く減衰します。これは「臨界減衰（critical damping）」と呼ばれます。

そして、これらはまとめて「減衰振動（damped oscillation）」と呼ばれます。

**i 導関数の公式（指数関数）**

$$\frac{d}{dx}(\mathrm{e}^x) = \mathrm{e}^x$$

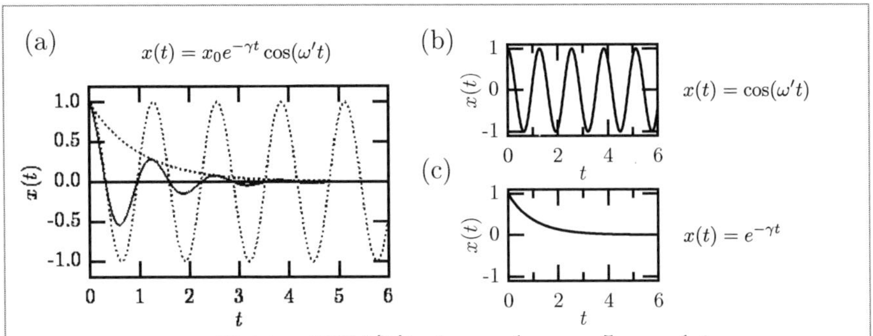


図4.11　不足減衰（$x_0 = 1,\ \omega_0 = 5,\ \gamma = 1$）

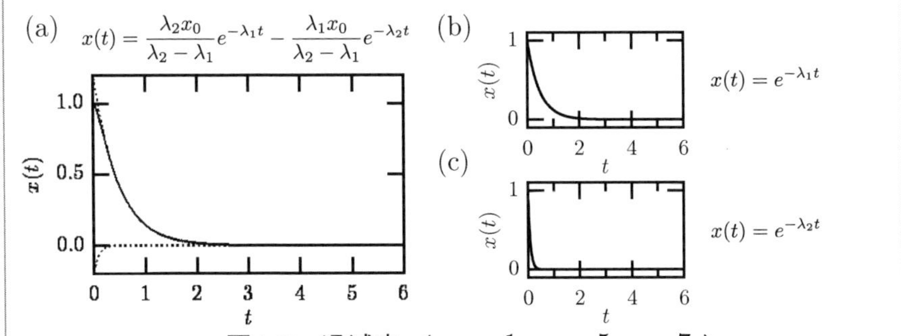


図4.12　過減衰（$x_0 = 1,\ \omega_0 = 5,\ \gamma = 7$）

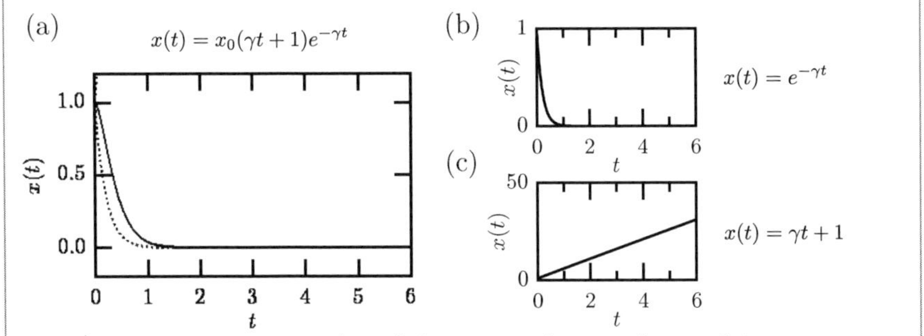


図4.13　臨界減衰（$x_0 = 1,\ \omega_0 = 5,\ \gamma = 5$）

**i　不定積分の公式（指数関数）**

$$\int \mathrm{e}^x dx = \mathrm{e}^x + \mathrm{C}$$

## 4.11 身近で利用されている減衰振動

計算だけ見ていると難しそうな「減衰振動」ですが、現象そのものは私たちもよく見かけます。というか、多くの人は毎日お世話になっています。

たとえば、レジのカウンターや西部劇で見かけるような、バネで戻る小さな扉。人が通るたびに勢いよく閉まりますが、よく見るとその後しばらく揺れています。

これは「不足減衰」です。扉にとりつけられたバネの復元力に対して、蝶番や空気の抵抗が小さいため、前後に往復しながら振動が収まっていくのです。

一方、玄関などでよく見かける、ドアクローザー付きの扉。このタイプの扉は頑丈で重い為、勢いよく閉まると大変危険ですが、ドアクローザーのおかげで手を離しても静かにカチャッと閉まります。これは「臨界減衰」です。

ドアクローザーにはバネだけでなく、油の詰まったダンパーがついています。この油の粘り気が抵抗として働くことで、バネだけで戻る場合よりも、ゆっくり静かに戻るというわけです。

ちなみに、もしも扉の閉まる勢いが強くなってきたならば、それは油の抵抗が落ちてきたということ。油漏れや気温による粘り気の変化を疑いましょう。

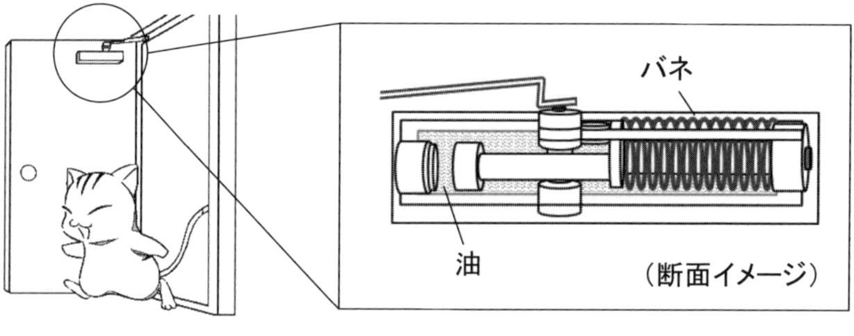


図4.14 ドアクローザー

**i ウェスタンドア（スイングドア）**

西部劇などでよく見かける、奥にも手前にも開く扉の通称。
現在でもレストランなどで、客席とレジや厨房を仕切る扉として使われている。

同様の仕組みは車にも使われています。それは、サスペンションと呼ばれる車軸や車輪を支える部品です。サスペンションは、路面の凹凸からくる衝撃やそれに伴う車体の上下振動を抑えます。

衝撃を抑えるだけならば、バネさえあれば十分だと思うかもしれませんが、それだと凹凸を乗り越えた後、車体がボヨンボヨンと振動し続けてしまいます。

そこで、ダンパーの抵抗を利用して振動を滑らかに抑えているのです。

このように、アナログの時代から活躍してきた「減衰振動」ですが、現在ではPID 制御という形で様々なデジタル機器にも利用されています。

たとえば、ロボットアーム。どんなに高速で動かせたとしても、目的の場所でピタっと止められなければ作業を始められません。

エアコンもそう。25 ℃に設定したとき、±10 ℃の範囲で室温が上下したら、たとえ中心の温度が 25 ℃だったとしても快適とは言えません。

こうした機器の制御によく用いられるのが、PID 制御です。この方法では、本物のバネや油を使って減衰振動を作り出す代わりに、それらの力を感じているかのように出力そのものを増減させることで、値を収束させていきます。

そういえば、ドローンにもPID制御が使われていて、その設定次第で機体の安定性が変化するそうです。バネのたとえが、こんな形で空中浮遊の話題につながってくるんですね。

というわけで、もしもドローンを飛ばすときは、箱から出していきなり飛ばすのではなく、説明書に従って姿勢や向きの設定を正しく行うようにしましょう。(「電源は水平な床の上で入れて下さい」などの注意書きがあるはずです。)

でないと、正しい姿勢(振動の収束先)を間違えて機体がひっくり返ったり、浮力が重力を上回って無限の彼方に飛んでいってしまうかもしれませんよ?

**i PID制御器 (proportional-integral-derivative controller)**

有名なフィードバック制御技術の一つ。設定値と現在値との差に対して、比例(Proportional)、積分(Integral)、微分(Derivative)の値をとり、制御に反映させる。

**基本問題 4.1（不定積分の公式）**

(1) $\sin x$ (2) $\mathrm{e}^x$ (3) $1/\sqrt{a^2-x^2}$ の不定積分を書け。

… 解答 …

(1) $\int \sin x\,dx = -\cos x + \mathrm{C}$ (2) $\int \mathrm{e}^x dx = \mathrm{e}^x + \mathrm{C}$ (3) $\int \frac{1}{\sqrt{a^2-x^2}}\,dx = \arcsin\frac{x}{a} + \mathrm{C}$

**基本問題 4.2（マクローリン展開）**

正弦関数をマクローリン展開せよ。

… 解答 …

$$\sin x = \sin 0 + \cos 0\,\frac{x}{1!} - \sin 0\,\frac{x^2}{2!} - \cos 0\,\frac{x^3}{3!} + \sin 0\,\frac{x^4}{4!} + \cos 0\,\frac{x^5}{5!} - \sin 0\,\frac{x^6}{6!} - \cos 0\,\frac{x^7}{7!} + \ldots$$

$$= \frac{x}{1!} - \frac{x^3}{3!} + \frac{x^5}{5!} - \frac{x^7}{7!} + \ldots + (-1)^n\frac{x^{2n+1}}{(2n+1)!} + \ldots \quad (-\infty < x < \infty)$$

**基本問題 4.3（単振動と力学的エネルギー保存則）**

水平で滑らかな床の上に置かれた質量 $m$ の物体に、一端が固定されたバネ定数 $k$ のバネを水平に取り付ける。バネの自然長の位置である原点 O から物体を $x_0$ だけ引き、そっと手を離すとき、次の問いに答えよ。

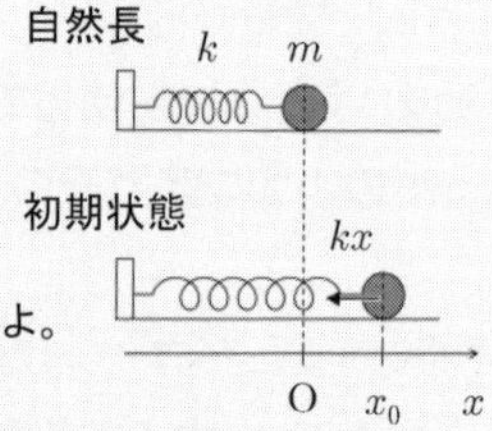


(1) 運動方程式を立てて、位置 $x(t)$、速度 $v(t)$ 、周期 $T$ を求めよ。

(2) $\frac{1}{2}mv(t)^2 + \frac{1}{2}kx(t)^2$ を $k$ と $x_0$ を用いて表せ。

… 解答 …

(1) 運動方程式は $m\frac{d^2x}{dt^2} = -kx$ となるので、4.2節で解いたように $\omega = \sqrt{\frac{k}{m}}$ とおけば、

一般解は、$x(t) = \mathrm{A}\sin(\omega t + \alpha)$ 、$v(t) = \mathrm{A}\omega\cos(\omega t + \alpha)$ となる。

ここで、$v(0) = 0$ より $\alpha = \pm\pi/2$ 。これを $x(0) = x_0$ に代入すると $\mathrm{A} = \pm x_0$ が得られる。

よって、$x(t) = x_0\sin(\omega t + \frac{\pi}{2})$ 、$v(t) = x_0\omega\cos(\omega t + \frac{\pi}{2})$ 、$T = 2\pi\sqrt{\frac{m}{k}}$ となる。

(2)
$$\begin{aligned}\frac{1}{2}mv(t)^2 + \frac{1}{2}kx(t)^2 &= (1/2)\,mx_0^2\omega^2\cos^2(\omega t + \pi/2) + (1/2)\,kx_0^2\sin^2(\omega t + \pi/2)\\ &= (1/2)\,kx_0^2\{\cos^2(\omega t + \pi/2) + \sin^2(\omega t + \pi/2)\} \quad (\because\ m\omega^2 = k\ )\\ &= (1/2)\,kx_0^2 \quad (\ t\ \text{によらず一定})\end{aligned}$$

ちなみに、$\frac{1}{2}kx(t)^2$ は「バネの弾性力による位置エネルギー」で、「運動エネルギー」との和は時間 $t$ によらず一定である。このように、単振動でも「力学的エネルギー保存則」が成り立つ。

演習 4.1（単振り子の周期）

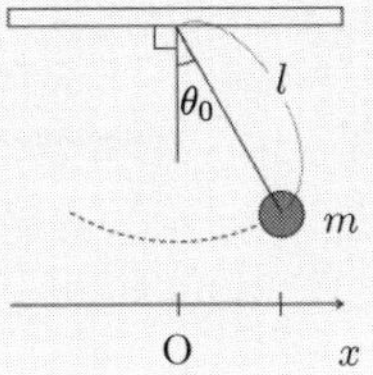


長さ $l$ の軽い糸の先に質量 $m$ のおもりを吊り下げて小さな角度 $\theta_0$ だけずらしてから、そっと手を離す。

(1) 運動方程式を立てて、位置 $x(t)$ を求めよ。

(2) (1) より周期 $T$ を求めよ。また、糸の長さを4倍にすると $T$ は何倍になるか求めよ。

(3) ある星で同じ単振り子の周期を測ると地球の2.4倍になった。重力は地球の何倍か？

演習 4.2（二つのバネ）

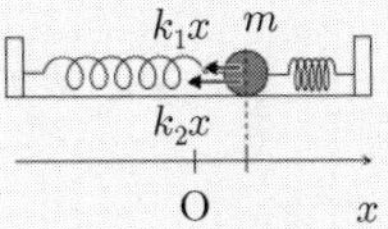


水平で滑らかな床の上に置かれた質量 $m$ の物体を、それぞれ一端が固定されたバネ定数 $k_1$ と $k_2$ のバネで一直線上に挟んだ後、振動させる。運動方程式を立てよ。

演習 4.3（無重力での質量の測り方）

無重力の宇宙では物体が浮かんでしまう為、はかりに乗せて質量を測ることができない。そこで、バネを利用する。バネ定数 $400\,\mathrm{N\,m^{-1}}$ のバネに物体をつないで振動させたところ、単振動の周期は 2.2 秒であった。物体の質量は何 kg か？

… 解答 …………………………………………………………

演習 4.1 (1)

運動方程式は $m\dfrac{d^2x}{dt^2} = -mg\sin\theta$ と書ける。

角度が小さいことから、$\sin\theta \approx \theta$ と近似でき、さらに、$\theta = x/l$ より、

$m\dfrac{d^2x}{dt^2} \approx -mg\theta = -mg\dfrac{x}{l}$ となり、$\omega = \sqrt{\dfrac{g}{l}}$ とおいてこれを解けば、一般解は

$x(t) = \mathrm{A}\sin(\omega t + \alpha)$ が得られる。初期条件 $x(0) = l\theta_0$ 、$v(0) = 0$ より、

$\alpha = \pi/2$ 、$\mathrm{A} = l\theta_0$ 。よって、$x(t) = l\theta_0 \sin(\omega t + \pi/2)$ となる。

(2) (1) より、$T = \dfrac{2\pi}{\omega} = 2\pi\sqrt{\dfrac{l}{g}}$ 。よって $l$ を4倍にすると $T$ は2倍になる。

(3) $g$ は $T$ の二乗に反比例するので、重力加速度は、$1/2.4^2 = 0.17$ 倍である。

演習 4.2 $m\dfrac{d^2x}{dt^2} = -k_1x - k_2x$ （これは、バネ定数 $k_1 + k_2$ のバネの場合に相当する。）

演習 4.3 基本問題4.3 と同様、運動方程式が $m\dfrac{d^2x}{dt^2} = -kx$ となるので、$T = 2\pi\sqrt{\dfrac{m}{k}}$

となり、$m = k \times (T/2\pi)^2$ が得られる。ここに $k = 400\,\mathrm{N\,m^{-1}} = 400\,\mathrm{kg/s^2}$ 、

$T = 2.2\,\mathrm{s}$ を代入すれば、$m = 400 \times (1.1/\pi)^2 = 49\,\mathrm{kg}$ が得られる。

# 第5章

# ベクトルとデカルト座標系

5章では、運動の法則を三次元空間へと拡張する為、「デカルト座標」とその「基本ベクトル」について学びます。

「デカルト座標」では、$x$ 軸、$y$ 軸、$z$ 軸という、互いに直交する三つの軸を使って三次元空間を表現します。「基本ベクトル」とは、それぞれの軸方向を向いた大きさ 1 のベクトルのことであり、$\boldsymbol{e}_x, \boldsymbol{e}_y, \boldsymbol{e}_z$ などの記号で表現されます。基本ベクトルを用いれば、$(x, y, z)$ のような成分表示を $\boldsymbol{r} = x\boldsymbol{e}_x + y\boldsymbol{e}_y + z\boldsymbol{e}_z$ という数式で表せるようになり、さらにその直交性 $\boldsymbol{e}_i \cdot \boldsymbol{e}_j = 0 \ (i \neq j)$ を利用すれば、計算の手間を減らすことができます。

**i ルネ・デカルト (1596 - 1650)**

フランス出身の哲学・数学・科学者。デカルト座標の発想によって代数と幾何学を結びつけた。ラテン語名 Cartesius に、フランス語の冠詞 des がついて Descartes（デカルト）と呼ばれる。

## 5.0 次元の高い話

ここまで、一階微分方程式、二階微分方程式、と解いてきましたが、このまま三階、四階… と永遠に続きそうで、心配になってきたのではないでしょうか？

安心してください。二階微分方程式で終わりです。

というのも、運動方程式は加速度、すなわち位置 $x$ の二階導関数に関する方程式だからです。特殊な力を扱う場合を除けば、運動方程式は三階以上にはならないのです。というわけで力学終了！　やった～！　　＼(^O^)／

… と、喜んだそこのアナタ。 まだまだ次元が低いです。　　(´・ω・`)

いや、けなしたのではありません。文字通りの意味で、です。

じつはここまでは、話を単純にする為、一次元運動しか見てきませんでした。しかし私たちが暮らす世界は三次元です。もっと次元を上げないといけません。

そこで活躍するのが、「ベクトル」と「デカルト座標」です。

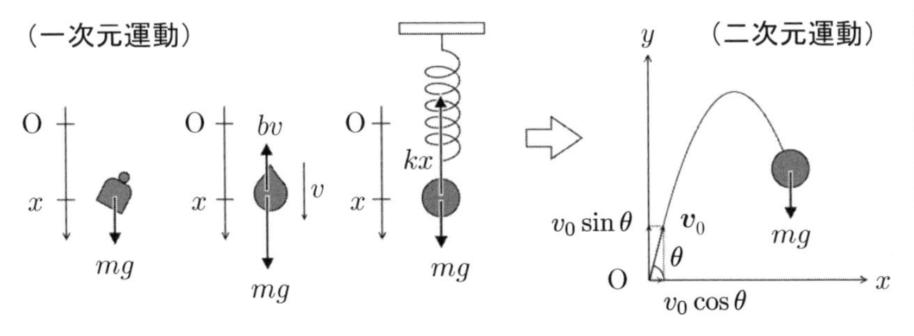


図5.1　一次元から二次元へ

**i 名言・格言 (by デカルト)**

「難問は、それを解くのに適切かつ必要なところまで分割せよ。」

## 5.1 基底

二次元平面上の任意の点を自由に表すためにはどうすればいいでしょう？
それには、二本のベクトルを使います。
二次元平面上に適当な原点とそこを始点とする二本のベクトルを引いたとき、図5.2 (a) や (b) のように、それを実数倍したマス目を作って組み合わせれば、二次元平面全体を埋め尽くすことができます。つまり、どの場所でも表すことができます。（ただし、図5.2 (c) のように二本が平行な場合は無理です。）

このように、二次元ならマス目を、三次元なら立体の箱を作って、その空間を埋め尽くせるような、お互いに重ならない方向を向いたベクトルの関係性を「一次独立（linearly independent）」といい、そうしたベクトルの組み合わせを「基底（basis）」といいます。（二次元なら二本、三次元なら三本必要です。）

この「基底」ですが、互いに直角に交わっていたり、長さが等しかったりする必要はありません。つまり、図5.2 (b) のように、斜めや横長であったとしても、空間を埋め尽くすことさえできれば、それは「基底」とみなせます。

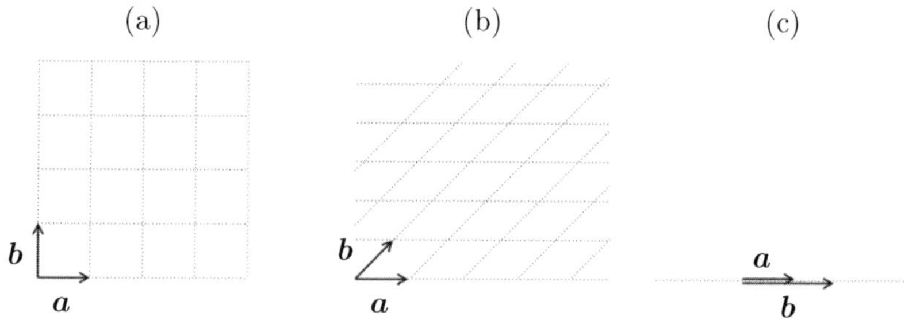


図5.2 二本のベクトルで二次元空間を表す

i **任意の** (arbitrary)

「自由に選べる」、という意味。
「任意の点」や「任意の値」と言った場合、「あらゆる点」や「あらゆる値」という意味にもなる。

ちなみに、文字の上に矢印をつけてベクトルを表していた高校数学と違い、大学物理ではベクトルを太字で表します。最初は $a$ と $\boldsymbol{a}$ は見分けにくいかもしれませんが、標準体で書くとベクトルでなくなってしまうので、要注意です。

また、「(一般的な)ベクトル」と「位置ベクトル」にも次のような違いがあります。

【(一般的な)ベクトル(vector)】(図5.3 (a))

向きと大きさを表す数学記法。始点によらないので一文字で表せる。

活字では $\boldsymbol{a}$ のように太字で書き、手書きでは $\mathbb{a}$ のように二重線で書く。

| 活字 | $\boldsymbol{a}$ | $\boldsymbol{b}$ | $\boldsymbol{c}$ | $\boldsymbol{e}$ | $\boldsymbol{g}$ | $\boldsymbol{i}$ | $\boldsymbol{j}$ | $\boldsymbol{k}$ | $\boldsymbol{r}$ | $\boldsymbol{v}$ | $\boldsymbol{x}$ | $\boldsymbol{y}$ | $\boldsymbol{z}$ | $\boldsymbol{A}$ | $\boldsymbol{F}$ |
|---|---|---|---|---|---|---|---|---|---|---|---|---|---|---|---|
| 手書き | $\mathbb{a}$ | $\mathbb{b}$ | $\mathbb{c}$ | $\mathbb{e}$ | $\mathbb{g}$ | $\mathbb{i}$ | $\mathbb{j}$ | $\mathbb{k}$ | $\mathbb{r}$ | $\mathbb{v}$ | $\mathbb{x}$ | $\mathbb{y}$ | $\mathbb{z}$ | $\mathbb{A}$ | $\mathbb{F}$ |

【位置ベクトル(position vector)】(図5.3 (b))

始点を固定することで、任意の点の位置を表せるようにしたベクトル。

始点と終点を明記したい場合、$\overrightarrow{\mathrm{OA}}$ のように二文字で書くのが基本だが、

基準点を O とする場合、O は省略できて、$\boldsymbol{a}$ のように小文字一文字で書くこともある。(ここでも、大学物理では $\vec{a}$ ではなく $\boldsymbol{a}$ (太字)と書く。)

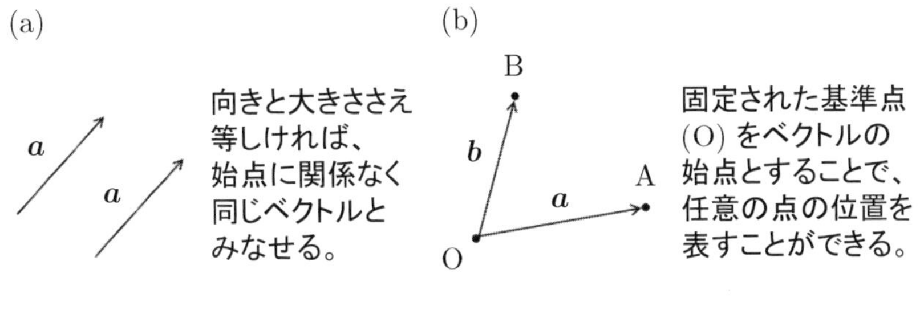
(a)
a
a
向きと大きささえ
等しければ、
始点に関係なく
同じベクトルと
みなせる。
(b)
B
b
A
a
O
固定された基準点
(O) をベクトルの
始点とすることで、
任意の点の位置を
表すことができる。

図5.3 ベクトル記号の書き方 (a) ベクトル (b) 位置ベクトル

### i 位置ベクトルの記号

力学における位置ベクトルは $\boldsymbol{x}$ や $\boldsymbol{r}$ や $\boldsymbol{s}$ で表され、特に $\boldsymbol{r}$ がよく用いられる。ちなみに、$\boldsymbol{r}$ は「半径(radius)」や「放射状の(radial)」を意味するラテン語の radi- から来ている。

## 5.2 単位ベクトル

ベクトル $\boldsymbol{A}$ の向きは、同じ向きを向く大きさ 1 のベクトル、「単位ベクトル (unit vector)」を使って表されます。

一般的には、「^(ハット)」という記号を使って $\hat{\boldsymbol{A}}$ のように表現します。

一方、ベクトル $\boldsymbol{A}$ の大きさは、$|\boldsymbol{A}|$(絶対値)や $A$(標準体)で表されます。

この二つを組み合わせれば、ベクトル$\boldsymbol{A}$ は次のように書くことができます。

$$\boldsymbol{A} = |\boldsymbol{A}|\hat{\boldsymbol{A}} \quad (\text{または、}A\hat{\boldsymbol{A}})$$

また、この式を変形して、単位ベクトルを次のような形で書くこともできます。

$$\frac{\boldsymbol{A}}{|\boldsymbol{A}|}$$

この形の式を見かけた時は注意が必要です。たとえば、万有引力の式

$$\boldsymbol{F} = -G\frac{Mm}{|\boldsymbol{r}|^3}\boldsymbol{r}$$

のように分母にベクトルの大きさ、分子にそのベクトルが含まれている場合、$|\boldsymbol{r}|^3$ のうちの$|\boldsymbol{r}|$ の一つは単位ベクトルの為のものです。つまり、万有引力の大きさそのものは$|\boldsymbol{r}|$の三乗ではなく、二乗に反比例するということです。

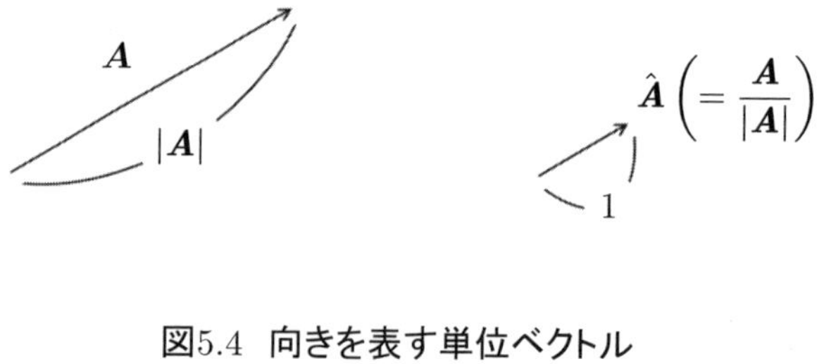


図5.4 向きを表す単位ベクトル

**i 向き(sense)と方向(direction)**

「東向き」のように「向き」は一方向のみ。「東西方向」のように「方向」は180度逆向きも含む。

正の向き:positive sense、 負の向き:negative sense、$x$軸方向:the direction of the $x$ axis

## 5.3 正規直交基底

ここで、5.1節と5.2節を組み合わせましょう。

・ 基底である (5.1節)
・ 全て単位ベクトルからなる (5.2節)

これにさらに、 ・ 互いに直交する という条件を加えたものを「正規直交基底(orthonormal basis)」と呼びます。

この正規直交基底ですが、図5.5 (a) のようにまっすぐな方向を向いている必要はありません。たとえば、図5.5 (b) のように斜めに傾いていたとしても上記の条件さえ満たしていれば、それは「正規直交基底」と呼べます。

正規直交基底は、任意の次元( $n$ 次元)に対応できるよう、1 から $n$ までの添え字を使って、$\{\boldsymbol{e}_1, \boldsymbol{e}_2, \cdots, \boldsymbol{e}_n\}$ のように表されます。

これを使って「単位ベクトル」と「直交性」を式に直すと次のように書けます。

$$\boldsymbol{e}_1 \cdot \boldsymbol{e}_1 = \boldsymbol{e}_2 \cdot \boldsymbol{e}_2 = \cdots = \boldsymbol{e}_n \cdot \boldsymbol{e}_n = 1 \quad \text{(単位ベクトル)}$$

$$\boldsymbol{e}_i \cdot \boldsymbol{e}_j = 0 \ (i \neq j) \quad \text{(直交性)}$$

次節で詳しく見ていきますが、この二つの性質は計算の手間を減らす上で重要な役割を果たします。

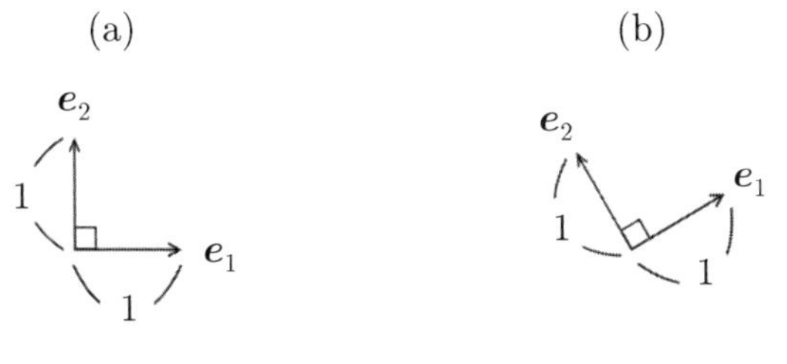


図5.5 正規直交基底

**i (グラム・)シュミットの直交化法**

$n$ 次元空間のただの基底(長さ1や直交性を必ずしも満たさない $n$ 本の一時独立なベクトル) $\{\boldsymbol{a}_1, \boldsymbol{a}_2, \cdots, \boldsymbol{a}_n\}$ から、$n$ 次元空間の正規直交基底 $\{\boldsymbol{e}_1, \boldsymbol{e}_2, \cdots, \boldsymbol{e}_n\}$ を作る方法。

## 5.4 直交

直交していると何が便利なのでしょう？

たとえば、図5.6 (a) を見て下さい。太いベクトル $\boldsymbol{a}$ の長さは三平方の定理で計算できます（3:4:5 で斜辺は5）が、あえて基底を使って計算してみましょう。

(1) 正規直交基底 $\{\boldsymbol{e}_1, \boldsymbol{e}_2\}$ を使った場合 （図5.6 (a)）

$$\begin{aligned}|\boldsymbol{a}|^2 = \boldsymbol{a}\cdot\boldsymbol{a} &= (4\boldsymbol{e}_1 + 3\boldsymbol{e}_2)\cdot(4\boldsymbol{e}_1 + 3\boldsymbol{e}_2)\\ &= 16\underbrace{\boldsymbol{e}_1\cdot\boldsymbol{e}_1}_{1} + 12\underbrace{\boldsymbol{e}_1\cdot\boldsymbol{e}_2}_{0} + 12\underbrace{\boldsymbol{e}_2\cdot\boldsymbol{e}_1}_{0} + 9\underbrace{\boldsymbol{e}_2\cdot\boldsymbol{e}_2}_{1} = 25\end{aligned}$$

このように、$\boldsymbol{e}_1$ と $\boldsymbol{e}_2$ の内積がゼロなので、二つの項が無視できます。一方、

(2) 斜め45度に交差する基底 $\{\boldsymbol{p}, \boldsymbol{q}\}$ を使った場合 （図5.6 (b)）

$$\begin{aligned}|\boldsymbol{a}|^2 = \boldsymbol{a}\cdot\boldsymbol{a} &= (1\boldsymbol{p} + 3\sqrt{2}\boldsymbol{q})\cdot(1\boldsymbol{p} + 3\sqrt{2}\boldsymbol{q})\\ &= 1\underbrace{\boldsymbol{p}\cdot\boldsymbol{p}}_{1} + 3\sqrt{2}\underbrace{\boldsymbol{p}\cdot\boldsymbol{q}}_{\cos 45^\circ} + 3\sqrt{2}\underbrace{\boldsymbol{q}\cdot\boldsymbol{p}}_{\cos 45^\circ} + 18\underbrace{\boldsymbol{q}\cdot\boldsymbol{q}}_{1} = \cdots\end{aligned}$$

今度は四つ全ての項が値をもつ為、手間が倍になってしまいます。

このように、計算する項の数を大幅に減らしてくれる工夫が「直交」なのです。

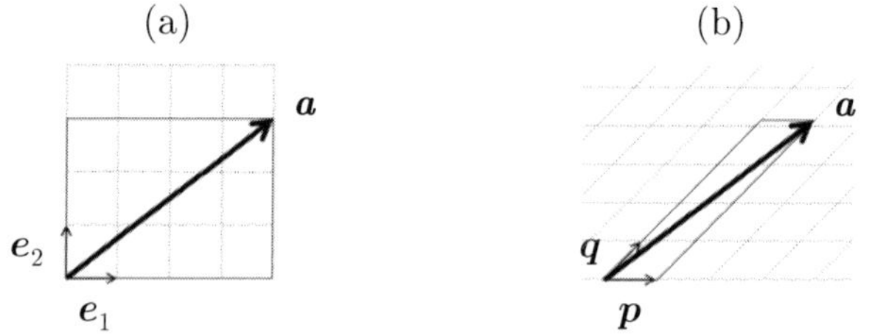


図5.6 (a) 正規直交基底 と(b) 斜め45° の基底

### i 内積の性質

交換法則 $\boldsymbol{a}\cdot\boldsymbol{b} = \boldsymbol{b}\cdot\boldsymbol{a}$

分配法則 $(\boldsymbol{a}+\boldsymbol{b})\cdot\boldsymbol{c} = \boldsymbol{a}\cdot\boldsymbol{c} + \boldsymbol{b}\cdot\boldsymbol{c}$

## 5.5 デカルト座標

正規直交基底は、私たちのよく知る $xyz$ 座標とも深く関わっています。

$xyz$ 座標とは、互いに直交する三つの固定軸($x$ 軸、$y$ 軸、$z$ 軸)の目盛りを使って$(x,\ y,\ z)$ のように三次元空間における点の位置を表す座標のことで別名、「デカルト座標」や「直交直線座標」とも呼ばれます。

この$(x,\ y,\ z)$ という成分表示ですが、これは正規直交基底で表した場合の基本ベクトルの係数と見ることもできます。つまり、次のように書き直せます。

$(1,2,0)=1\boldsymbol{e}_1+2\boldsymbol{e}_2+0\boldsymbol{e}_3$

この式は、内積を計算しても一致していて、たとえば、

$(1,2,0)\cdot(1,2,0)=1+4+0=5$

$(1\boldsymbol{e}_1+2\boldsymbol{e}_2+0\boldsymbol{e}_3)\cdot(1\boldsymbol{e}_1+2\boldsymbol{e}_2+0\boldsymbol{e}_3)=1\boldsymbol{e}_1\cdot\boldsymbol{e}_1+4\boldsymbol{e}_2\cdot\boldsymbol{e}_2+0\boldsymbol{e}_3\cdot\boldsymbol{e}_3=5$

となって、矛盾しません。(ここでも「単位ベクトル」と「直交」が役立ちます。)

ちなみに、上の式では基底を $(\boldsymbol{e}_1,\boldsymbol{e}_2,\boldsymbol{e}_3)$ と書きましたが、$(\boldsymbol{e}_x,\boldsymbol{e}_y,\boldsymbol{e}_z)$ や$(\hat{\boldsymbol{x}},\hat{\boldsymbol{y}},\hat{\boldsymbol{z}})$、$(\boldsymbol{i},\boldsymbol{j},\boldsymbol{k})$といった書き方をする場合もあります。(図5.7 参照。)

このように座標軸に沿った単位ベクトルのことを「基本ベクトル」と呼びます。

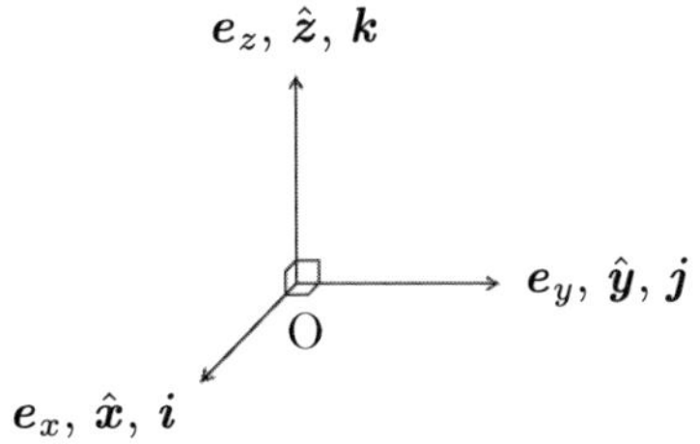


図5.7 デカルト座標の基本ベクトル

**i デカルト座標 (Cartesian coordinates)**

英語名を見ると、Cartesian となっていて、デカルト(Descartes) から Des が消えている。
これは、名詞「デカルト」を形容詞「デカルトの」に変換する際、冠詞 des が消えた為である。

序章 1章 2章 3章 4章 5章 6章 7章 8章 索引

## 5.6 ベクトルと運動の法則

ここまで、ベクトルや直交を使うと多次元空間を説明するのに便利であることを見てきました。次はこれらを使って三次元の運動を解いていこうと思います。

… ん？ でも、ちょっと待った！

便利と言っても、それは人間が計算をする上での話です。

自然現象にとっては、計算しやすいかどうかなんてどうでもいいはずですし、実際、力や運動の法則がベクトルで書けるとは限りませんよね？

ここで、1章の「運動の法則」を振り返りましょう。すると、

「・・・、直線上の一様な運動をしている物体はそのままの運動を続ける。」

「・・・、物体は合力が働く直線方向に加速する。」

「・・・、作用と反作用は大きさが等しく、同一直線上で反対向きを向く。」

のように、三つの法則が全て「直線」を強調していたことに気づきます。

これらは「直線の矢印」を基本とする、ベクトルの発想と一致します。

また、「合力」という表現もありましたが、これは「力の大きさの和」ではなく、「力のベクトルの和」を意味しています。

つまり、運動の法則はベクトルのルールに見事に従っており、運動方程式も $a$ と $F$ を太字（ベクトル）にした $m\boldsymbol{a} = \boldsymbol{F}$ の形に書き直せるというわけです。

繰り返して言いますが、運動の法則は人間が作ったルールではありません。自然現象を観察しているとなぜか必ず観測される、自然界のルールです。

にも関わらず、自然は数学のルールに従っているというのです！

… ちょっと信じられなくなってきましたか？ それでは、二次元の代表的な運動を分析し、実際の写真と見比べてみましょう。

> i **名言・格言 （by ガリレオ）**
>
> 「自然という偉大な書物は、数学という言語で書かれている。」

## 5.7【例題】放物線運動

まず、物体を斜め上に放り上げる運動を考えます。

物体に働く力として鉛直下向きの重力のみを考える場合、水平、鉛直方向を座標軸に取れば、成分表示は $\boldsymbol{F} = (0, -mg)$ と書けます。

同様に、加速度を $\boldsymbol{a} = (a_x, a_y)$ 、初速度を $\boldsymbol{v}_0 = (v_0 \cos\theta, v_0 \sin\theta)$ といった成分表示に直せば、運動方程式は $(ma_x, ma_y) = (0, -mg)$ と書けて、

$$ma_x = 0 \qquad \text{（}x\text{ 軸方向の運動方程式）}$$

$$ma_y = -mg \qquad \text{（}y\text{ 軸方向の運動方程式）}$$

となります。これは、2章で解いた等速直線運動と等加速度直線運動なので

$$x = (v_0 \cos\theta)t \quad \cdots \text{①}$$

$$y = (v_0 \sin\theta)t - \frac{1}{2}gt^2 \quad \cdots \text{②}$$

と導けます。ここで、①式を変形した $t = x/(v_0 \cos\theta)$ を②式に代入すれば

$$y = \frac{\sin\theta}{\cos\theta}x - \frac{1}{2}g\left(\frac{1}{v_0 \cos\theta}\right)^2 x^2$$

という、上に凸の2次関数が得られて、図5.8 と一致することが分かります。

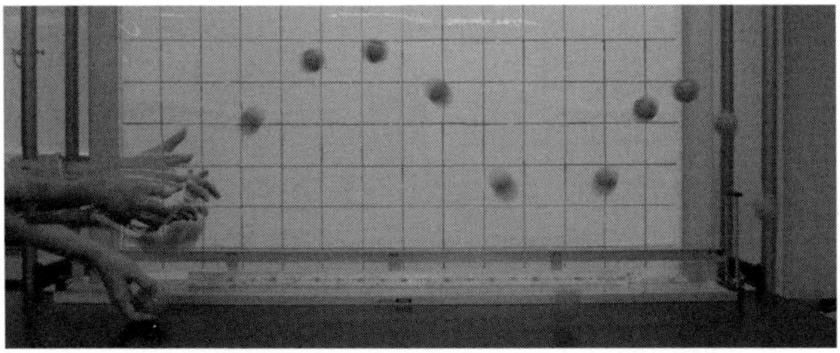

図5.8 放物線運動の写真（約11コマ/ 秒で撮影）
（軌道が2次関数の形をしている）

**i 鉛直な（vertical）**

おもり（鉛玉）を糸で吊り下げたときに糸が向く方向。つまり、「重力の方向」という意味。
一方、英語の vertical には、「天頂からまっすぐ下に下ろした」という意味がある。

## 5.8【例題】斜面の運動（斜面に平行に軸をとる場合）

次は、斜面を滑り降りる物体の運動を考えます。（図5.9）

じつはこの問題、水平、鉛直な方向を座標軸とした $xy$ 座標を考えるよりも斜面に対して平行、垂直な方向を座標軸とした斜めの直交座標を考えた方が解きやすくなります。（理由は次節で説明します。）

まずは、図に力のベクトルを描きます。

摩擦力と空気抵抗が無視できる場合、斜面上の物体が受ける力は、重力と斜面からの垂直抗力の二つだけになります。そこで重力を $mg$ 、垂直抗力を $N$ で表せば、物体にかかる力は下図のように描けます。

次に、座標軸を設定します。

この節では、斜面に対して平行、垂直な軸を考えますが、$xy$ 軸という名前で呼んでしまうと、地面に対して水平、鉛直な軸（普段使い慣れている $xy$ 軸）と混同しそうなので、代わりに$XY$ 軸と呼ぶことにします。

この $XY$ 軸に沿って力のベクトルを考えていきます。

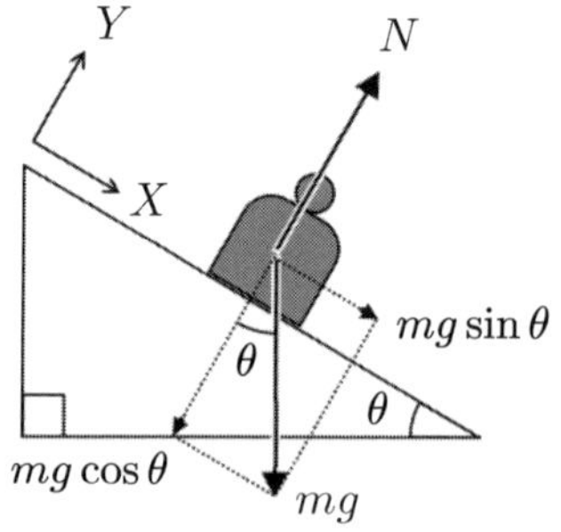


図5.9　斜面の運動（斜面に平行な成分と垂直な成分に分ける）

**i　平行な（parallel）**

二つの直線や平面がどこまで延長しても交わらない様子を表す。

parallel は、para（並ぶ）＋allelois（互いに）という語源をもち、交わらずに並ぶ様子を表す。

まず、重力を $X$ 軸成分と $Y$ 軸成分に分解します。斜面の角度を $\theta$ とすれば重力は $(mg\sin\theta,\ -mg\cos\theta)$ と書けます。

一方、垂直抗力はもともと $Y$ 軸方向の力なのでそのまま $(0, N)$ と書けます。

よって、それぞれの軸方向の運動方程式は、次のように書けます。

$$m\frac{d^2X}{dt^2} = mg\sin\theta \qquad \cdots \text{①（}X\text{ 軸方向の運動方程式）}$$

$$m\frac{d^2Y}{dt^2} = N - mg\cos\theta \qquad \cdots \text{②（}Y\text{ 軸方向の運動方程式）}$$

斜面にめりこまないので②式は 0 です。一方、①式を整理して積分すれば

（速度）

$$V_X(t) = \frac{dX}{dt} = (g\sin\theta)t + V_0$$

（位置）

$$X(t) = \frac{1}{2}(g\sin\theta)t^2 + V_0t + X_0$$

が得られます。特に、初期条件が $V_0 = 0$、$X_0 = 0$ の場合、

$$X(t) = \frac{1}{2}(g\sin\theta)t^2$$

となり、移動距離は時間の2乗に比例します。これは図5.10 と一致します！

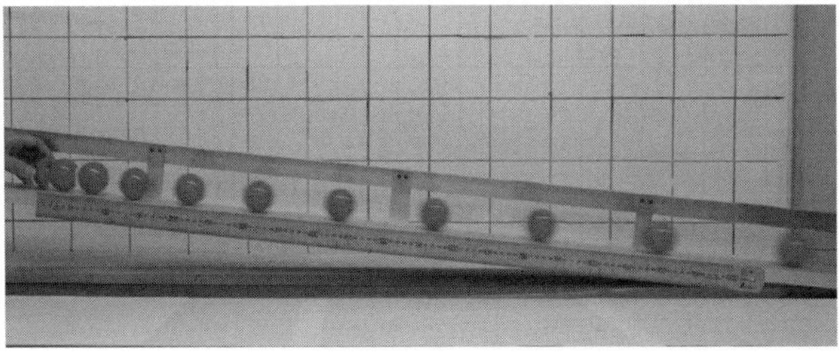

図5.10 斜面の実験の写真 （約6コマ/ 秒で撮影）
（移動距離が時間の2乗に比例している）（基本問題 1.3 参照）

**i 垂直な（perpendicular）**

与えられた線や面に対して直角に交わる方向。
perpendicular は、per（完全に）＋pend（垂らす）という語源をもち、垂直を表す。

## 5.9【例題】斜面の運動（地面に水平に横軸をとる場合）

それにしても、5.8節の座標軸の取り方には違和感があります。

座標軸といえば、地面に対して水平、鉛直に描いた $xy$ 座標がふつうです。斜面の運動だって、いつもの $xy$ 座標で解いたらいいのではないでしょうか？

そんな疑問を持ったなら、さっそく自分で計算してみましょう。

まず、図5.11 のように、力と $xy$ 座標を図に描きます。

そして、力のベクトルを $x$ 軸成分と $y$ 軸成分に分解します。

今回は垂直抗力 $N$ を $x$ 軸成分と $y$ 軸成分に分解します。斜面の角度は $\theta$ なので、$x$ 軸成分は $N\sin\theta$ 、$y$ 軸成分は $N\cos\theta$ となります。

一方、重力はもともと $y$ 軸方向の力なので、変形する必要はありません。

それぞれの成分について運動方程式を書くと、次のようになります。

$$m\frac{d^2x}{dt^2} = N\sin\theta \qquad (\,x\text{ 軸方向の運動方程式})$$

$$m\frac{d^2y}{dt^2} = N\cos\theta - mg \qquad (\,y\text{ 軸方向の運動方程式})$$

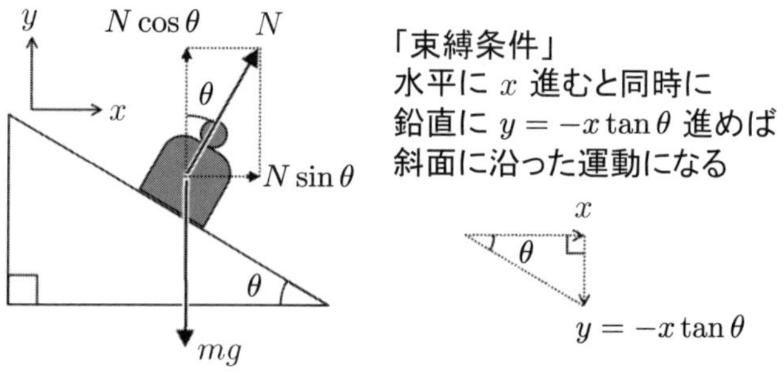


図5.11　地面に対して平行な成分と鉛直な成分に分ける

**i　名言・格言（by アインシュタイン）**

「何かを学ぶためには、自分で体験する以上にいい方法はない。」

この二つの式について、両辺を $m$ で割ってから、$t$ で積分していくと、

$$x = \frac{1}{2}\left(\frac{N}{m}\sin\theta\right)t^2 + v_{x0}t + x_0$$

$$y = \frac{1}{2}\left(\frac{N}{m}\cos\theta - g\right)t^2 + v_{y0}t + y_0$$

となります。よって、初期条件が $v_{x0} = v_{y0} = 0$ 、$x_0 = y_0 = 0$ だった場合、

$$x = \frac{1}{2}\left(\frac{N}{m}\sin\theta\right)t^2 \qquad \cdots ③$$

$$y = \frac{1}{2}\left(\frac{N}{m}\cos\theta - g\right)t^2 \qquad \cdots ④$$

となります。しかし、これではまだ $N$ が未知数として残っています。
そこで、斜面に沿って運動する為の束縛条件 $y = -x\tan\theta$ を利用します。
この式に③式と④式を代入すると、

$$\frac{1}{2}\left(\frac{N}{m}\cos\theta - g\right)t^2 = -\frac{1}{2}\left(\frac{N}{m}\sin\theta\right)t^2\frac{\sin\theta}{\cos\theta}$$

$$\therefore \quad g = \frac{N}{m}\frac{\cos^2\theta + \sin^2\theta}{\cos\theta} = \frac{N}{m}\frac{1}{\cos\theta}$$

$$\therefore \quad N = gm\cos\theta$$

となり、得られた $N$ を③式と④式に代入することで、解が得られます。

$$x = \frac{g}{2}\sin\theta\cos\theta\, t^2$$

$$y = \frac{g}{2}(\cos^2\theta - 1)\, t^2 = -\frac{g}{2}\sin^2\theta\, t^2$$

これを5.8節と見比べると、三平方の定理 $X^2 = x^2 + y^2$ が成り立っており、たしかに同じ運動を表していることが確認できます。
ただ、$N$ の計算が必要になる分だけ、手間が増えてしまうんですね。

**i　水平な（horizontal）**

地球の重力と直角に交わる方向。
horizontal は、horizon（地平線、水平線）の形容詞で、水面は重力と直角に交わる。

序章 1章 2章 3章 4章 5章 6章 7章 8章 索引

## 5.10【例題】等速円運動

最後は、いちいち成分に分けたりせず、基本ベクトルを使って計算する例を紹介しましょう。「等速円運動」について考えます。

… それにしても、「等速円運動」というのも、まぎらわしい名前です。

ここでいう「速」とは、「速度」ではなく「速さ」を意味します。

「速さ」とは、速度の大きさであり、向きの情報は持ちません。それに対して「速度」とは、速さと向きを合わせたベクトルです。もしも「速度が等しい」だと向きも固定されてしまい、まっすぐにしか進めなくなってしまいます！

ちなみに、英訳は「uniform circular motion（均一な円運動）」となります。（英語の方が分かりやすいですね。）

さて、均一に回る円運動とは、どんなものでしょう？

それは、図5.12 のように「半径 $r$ の円周上を一定の角速度 $\omega$ で回る運動」と表現することができます。「角速度 $\omega$ 」とは「単位時間あたりに進む角度」のことで、等速円運動の場合、「角度 $\theta$」は $\theta = \omega t$ と書けます。

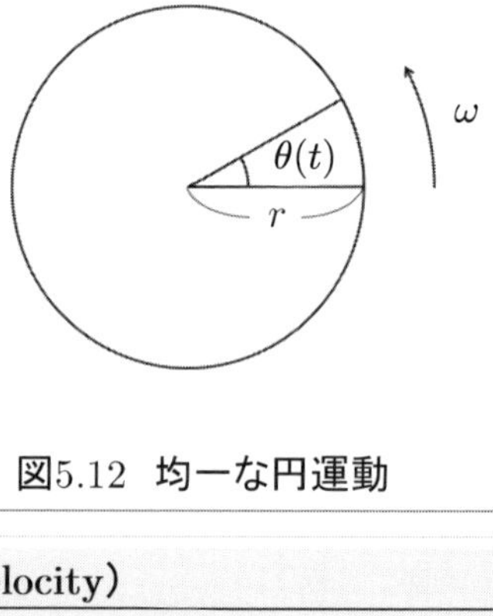


図5.12 均一な円運動

**i 角速度（angular velocity）**

4.3節の角周波数と同様 $\omega$ で表す。中心の角度 $\omega t$ に対して弧の長さは $r\omega t$ であり、また、速さ $v$ での円周上の移動距離は $vt$ となるので $vt = r\omega t$、すなわち $v = r\omega$ が成り立つ。

ここで、円の中心を原点にして、$xy$ 座標を設定します。(図5.13)
すると、各座標は次のようになります。

$$x = r\cos\theta = r\cos\omega t$$
$$y = r\sin\theta = r\sin\omega t$$

… ん？ すでに解が得られている？
そうです。いわゆる等速円運動の問題では、動きは既に分かっているので、運動方程式を立てたり、解を求めたりする必要はありません。
そこで逆に、等速円運動をさせる為にはどんな速度で動かし、どんな方向に加速してやらなければならないかを考えることにします。
よくある方法としては、物体が少しずつ向きを変えながら円運動する様子を図で描き、微分の定義や三角形の幾何学的性質を利用しながらごちゃごちゃと計算していくところですが、今回は違います。
この節では、物体の位置を成分表示ではなく、基本ベクトルを使った表現に書き直してやることで、速度や加速度をあざやかに計算してみせます。
まずは物体の位置を、次のようにベクトルで表します。

$$\boldsymbol{r}(t) = r\cos\omega t\,\boldsymbol{e}_x + r\sin\omega t\,\boldsymbol{e}_y$$

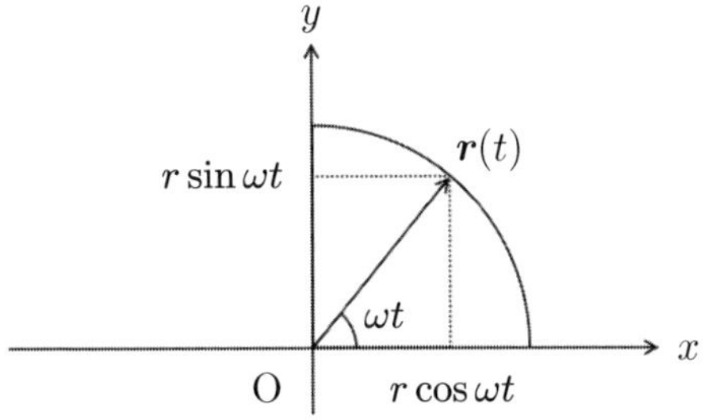


図5.13　$xy$ 座標における等速円運動の位置ベクトル

i **名言・格言 (by ニュートン)**

「諸物の多様さと混乱のうちにではなく、つねに単純さのうちに真理は見出される。」

序章
1章
2章
3章
4章
5章
6章
7章
8章
索引

位置を時間で微分すれば速度が得られ、速度を時間で微分すれば加速度が得られます。それは、二次元やベクトルになっても変わりません。

位置ベクトル $\boldsymbol{r}$ を時間 $t$ で微分すれば速度ベクトル $\boldsymbol{v}$ が、速度ベクトル $\boldsymbol{v}$ を時間 $t$ で微分すれば加速度ベクトル $\boldsymbol{a}$ が得られます。

等速円運動の位置ベクトル

$$\boldsymbol{r}(t) = r\cos\omega t\,\boldsymbol{e}_x + r\sin\omega t\,\boldsymbol{e}_y$$

を $t$ で微分する場合、$r$ 、$\boldsymbol{e}_x$ 、$\boldsymbol{e}_y$ は $t$ に依存しないので定数として扱えます。そこで、$\cos\omega t$ と $\sin\omega t$ だけを微分します。その結果、

$$\boldsymbol{v}(t) = \frac{d\boldsymbol{r}(t)}{dt} = -r\omega\sin\omega t\,\boldsymbol{e}_x + r\omega\cos\omega t\,\boldsymbol{e}_y$$

$$\boldsymbol{a}(t) = \frac{d\boldsymbol{v}(t)}{dt} = -r\omega^2\cos\omega t\,\boldsymbol{e}_x - r\omega^2\sin\omega t\,\boldsymbol{e}_y$$

が得られます。これで速度と加速度が得られました。以上、計算終わり！
ね？　あざやかでしょう？

ついでに、ベクトルの大きさも計算しておきましょう。

$$|\boldsymbol{v}(t)|^2 = r^2\omega^2\sin^2\omega t + r^2\omega^2\cos^2\omega t = r^2\omega^2$$

$$\therefore \quad |\boldsymbol{v}(t)| = r\omega$$

$$|\boldsymbol{a}(t)|^2 = r^2\omega^4\cos^2\omega t + r^2\omega^4\sin^2\omega t = r^2\omega^4$$

$$\therefore \quad |\boldsymbol{a}(t)| = r\omega^2$$

以上、これだけです。
では、それぞれの向きはどうでしょう？
ベクトル自体が向きを表すものなので、式の通りと言えばそれまでですが、ここではイメージしやすいよう、位置ベクトル $\boldsymbol{r}(t)$ と比較してみます。

i **ユークリッド（エウクレイデス）（前330頃 - 前260頃）**

古代ギリシアの数学者。史上最大の影響力を持つ数学書とも言われる「原論」を編纂し、「幾何学の父」と称される。ユークリッド幾何学、ユークリッド空間などにその名が残る。

すぐに気づくのが、$\boldsymbol{r}(t)$ と $\boldsymbol{a}(t)$ の関係です。

$$\boldsymbol{a}(t) = -\omega^2 \boldsymbol{r}(t)$$

$\omega^2$ という正の係数をかけたうえでマイナスということは、$\boldsymbol{r}(t)$ の逆向きです。

この式から、図5.14 のように、加速度ベクトル $\boldsymbol{a}(t)$ はいつでも原点の向き、すなわち円の中心を向いていることが分かります。そこで、こうした加速度を与える力 $-m\omega^2\boldsymbol{r}$ のことを「向心力（求心力）(centripetal force)」といいます。

一方、$\boldsymbol{v}(t)$ については、$\boldsymbol{r}(t)$ との内積をとることで、面白いことが分かります。

$$\begin{aligned}
\boldsymbol{r}(t)\cdot\boldsymbol{v}(t) &= r\cos\omega t\cdot(-r\omega\sin\omega t)\,\boldsymbol{e}_x\cdot\boldsymbol{e}_x \\
&\quad + r\cos\omega t\cdot r\omega\cos\omega t\,\boldsymbol{e}_x\cdot\boldsymbol{e}_y \\
&\quad + r\sin\omega t\cdot(-r\omega\sin\omega t)\,\boldsymbol{e}_y\cdot\boldsymbol{e}_x \\
&\quad + r\sin\omega t\cdot r\omega\cos\omega t\,\boldsymbol{e}_y\cdot\boldsymbol{e}_y \\
&= -r\omega^2\cos\omega t\cdot\sin\omega t + r\omega^2\sin\omega t\cdot\cos\omega t \\
&= 0
\end{aligned}$$

内積がゼロということは、$\boldsymbol{r}(t)$ と $\boldsymbol{v}(t)$ が直交しているということ。

つまり、$\boldsymbol{v}(t)$ は半径に対して直角な「接線方向」を向いているということです。

このように、幾何学的な問題を数式として解けてしまうのが、デカルト座標のすごいところです。

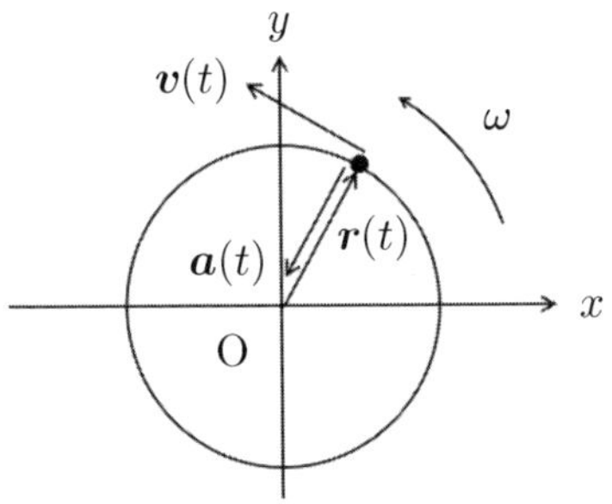


図5.14　等速円運動の加速度ベクトルと速度ベクトルの向き

**i　名言・格言（by ユークリッド）**

「幾何学に王道なし。」

基本問題 5.1（基本ベクトルを用いた計算）

(1) $\boldsymbol{A}=\boldsymbol{e}_x+2\boldsymbol{e}_y+3\boldsymbol{e}_z$ 、$\boldsymbol{B}=\boldsymbol{e}_x-5\boldsymbol{e}_y+3\boldsymbol{e}_z$ とするとき、内積$\boldsymbol{A}\cdot\boldsymbol{B}$ を求めよ。

(2) $\boldsymbol{A}=\boldsymbol{e}_x+2\boldsymbol{e}_y+2\boldsymbol{e}_z$ とするとき、$\boldsymbol{A}$ と平行な単位ベクトル $\hat{\boldsymbol{A}}$ を求めよ。

… 解答 ……………………………………

(1) $\boldsymbol{A}\cdot\boldsymbol{B}=1-10+9=0$ （すなわち、$\boldsymbol{A}$ と $\boldsymbol{B}$ は直交している。）

(2) $|\boldsymbol{A}|=\sqrt{1+4+4}=3$ 。よって、$\hat{\boldsymbol{A}}=\pm\boldsymbol{A}/|\boldsymbol{A}|=\pm\frac{1}{3}(\boldsymbol{e}_x+2\boldsymbol{e}_y+2\boldsymbol{e}_z)$ 。

基本問題 5.2（摩擦のある斜面）

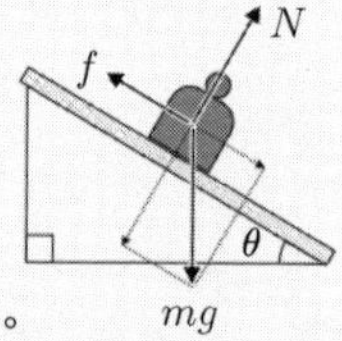


質量 $m$ の物体が摩擦のある平らな台の上に置かれている。

(1) 台を静かに傾けていって水平面からの角度を $\theta$ としたとき、物体が台から受ける垂直抗力の大きさ $N$ を求めよ。

(2) 静止摩擦係数を$\mu$ として、物体が滑り始めない為の $\theta$ の条件を求めよ。

… 解答 ……………………………………

(1) 斜面に平行な成分と、斜面に垂直な成分に分解して考える。$N=mg\cos\theta$ 。

(2) 静止摩擦力 $f$ の「大きさ」が最大静止摩擦力 $\mu N=\mu mg\cos\theta$ を超えなければ滑らない。
静止中は斜面方向の力がつりあっており、$mg\sin\theta-f=0$ と書けるので $f=mg\sin\theta$ 。
よって、$-\mu mg\cos\theta\leq mg\sin\theta\leq\mu mg\cos\theta$ より、$-\mu\leq\tan\theta\leq\mu$ である。

基本問題 5.3（放物線運動と力学的エネルギー保存則）

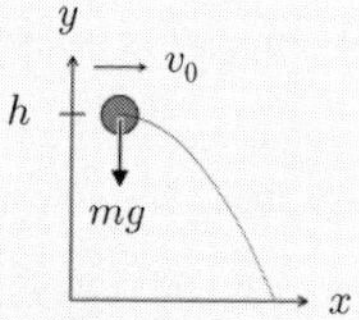


高さ $h$ の崖の上から、物体を水平方向に初速度 $v_0$ で打ち出した。
空気抵抗が無視できるとき、地面に着くまでにかかる時間 $t_1$ を求めよ。
また、地面に着く瞬間の速さ $|\boldsymbol{v}(t_1)|$ を$v_0$、$g$、$h$ を用いて表せ。

… 解答 ……………………………………

鉛直方向には初速度 0 で自由落下するので、$y(t_1)=h-\frac{1}{2}gt_1^2=0$ が成り立つ。
よって、$t_1=\sqrt{2h/g}$ である。 また、時刻 $t_1$ における速度を $\boldsymbol{v}(t_1)=(v_x(t_1),v_y(t_1))$ と表せば、
水平方向には等速直線運動をするので、$v_x(t_1)=v_0$ （一定）、
鉛直方向には等加速度直線運動をするので、$v_y(t_1)=-gt_1=-\sqrt{2gh}$ となる。
ここで、三平方の定理より $|\boldsymbol{v}(t_1)|^2=v_x(t_1)^2+v_y(t_1)^2=v_0^2+2gh$ … ① が成り立つので、
$|\boldsymbol{v}(t_1)|=\sqrt{v_0^2+2gh}$ が得られる。

ちなみに、①式の左辺に$\frac{1}{2}m$をかけた $\frac{1}{2}m|\boldsymbol{v}(t_1)|^2$ が $y=0$ における「運動エネルギー」であり、①式の右辺に$\frac{1}{2}m$をかけた $\frac{1}{2}mv_0^2+mgh$ が $y=h$ における「運動エネルギー $\frac{1}{2}mv_0^2$ 」と「位置エネルギー $mgh$ 」の和である。このように、二次元でも「力学的エネルギー保存則」は成り立つ。

演習 5.1（束縛条件）

物体が角度 $\theta$ の斜面に沿って速度 $\boldsymbol{v}=(v_x,\,v_y)$ で運動している。

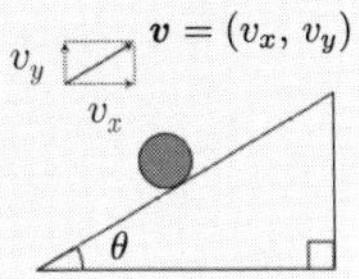


(1) $v_x$ と $v_y$ の間にはどのような関係が成り立つか？

(2) 斜面に沿って初速度 $\boldsymbol{v}_0=(v_{x0},\,v_{y0})$ で動いている物体を、加速度 $\boldsymbol{a}=(a_x,\,a_y)$ で $t$ 秒間加速させたときの速度を求めよ。
また、加速後も斜面に沿って運動する為の $a_x$ と $a_y$ の条件を求めよ。

演習 5.2（動く斜面を滑り降りる）

右図のように、滑らかで水平な床の上に、角度 $\theta$ の滑らかな斜面を持つ質量 $M$ の台 A を置く。そして、その斜面の上に質量 $m$ の物体 B を置いて滑らせる。

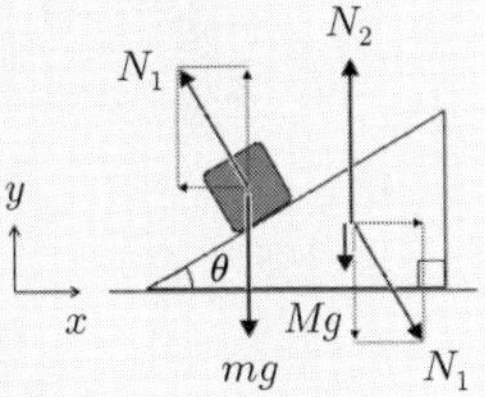


(1) A の水平方向の加速度を $a_{\mathrm{A}x}$ として、運動方程式を立てよ。
また、B の水平方向の加速度を $a_{\mathrm{B}x}$ 、鉛直方向の加速度を $a_{\mathrm{B}y}$ として、それぞれの運動方程式を立てよ。

(2) B が斜面に沿って滑り降りる為の束縛条件を書け。

演習 5.3（円柱面を滑り降りる）

右図のように、半径 $R$ の滑らかな円柱面の坂の上に質量 $m$ の物体を置いて静かに押し出すと、しばらく坂に沿って滑り降りるが途中で坂から離れてしまう。角度 $\theta$ だけ滑り降りたときの物体の速さを $v$ 、物体が坂から受ける垂直抗力の大きさを $N$ として物体が坂から離れない為の条件を求めよ。

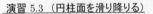

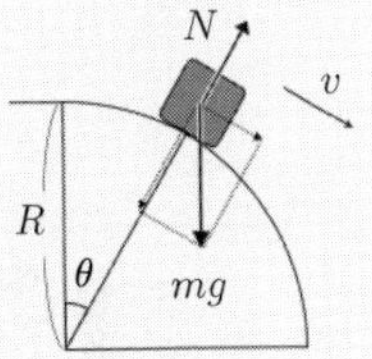


… 解答 …………………………………………………………………………

演習 5.1 (1) $v_y/v_x=\tan\theta$（これは登りでも下りでも、向きや符号によらず常に成り立つ。）

(2) $\boldsymbol{v}=(v_x(t),\,v_y(t))=(v_{x0}+a_xt,\,v_{y0}+a_yt)$

斜面に沿って運動するとき、(1)より、$(v_{y0}+a_yt)/(v_{x0}+a_xt)=\tan\theta$ …①

また、初速度も $v_{y0}/v_{x0}=\tan\theta$ を満たしているので、①式に代入すれば、

$(v_{y0}+a_yt)/(v_{x0}+a_xt)=v_{y0}/v_{x0}$ より、$a_y/a_x=\tan\theta$ が導かれる。

演習 5.2 (1)
$$\begin{cases} Ma_{\mathrm{A}x}=N_1\sin\theta \\ ma_{\mathrm{B}x}=-N_1\sin\theta \\ ma_{\mathrm{B}y}=N_1\cos\theta-mg \end{cases}$$

(2) この問題では、台 A も水平に動いているので、A から見た B の動きは、その分差し引かれる。よって、 $a_{\mathrm{B}y}/(a_{\mathrm{B}x}-a_{\mathrm{A}x})=\tan\theta$ が条件である。

演習 5.3 重力 $m\boldsymbol{g}$ と垂直抗力 $\boldsymbol{N}$ の合力（力のベクトルの合成）がちょうど向心力として働き、速度の向きが常に円柱面の接線方向を向くようにできれば坂から離れない。よって、

$$\begin{cases} mg\cos\theta-N=mv^2/R \text{「(重力)−(垂直抗力)=(向心力)」 かつ、} \\ N\geq 0 \text{「坂と接していて垂直抗力が働く」 が、坂から離れない為の条件である。} \end{cases}$$

# 第6章

# 極座標系

6章では、円運動や楕円運動のような対称性の高い運動を考えるのに便利な「極座標」と、その基本ベクトルについて学びます。

「極座標」では、原点からの距離と基準とする向きからの角度を使って物体の位置を表現します。その「基本ベクトル」は、動径方向を表す$\boldsymbol{e}_r$と角度の増加方向を表す$\boldsymbol{e}_\theta$や$\boldsymbol{e}_\phi$で表現され、これらは互いに直交します。

「デカルト座標」のときと異なり、「極座標」では位置ベクトルを表す際に基本ベクトルを一部しか用いません（$\boldsymbol{r} = r\boldsymbol{e}_r$）。また、運動に連動して基本ベクトルの向きが時間とともに変化する点にも注意が必要です。

**i　ディカエアルコス（前300頃）**

アリストテレスの弟子。彼が描いたギリシアの地図に、北緯36度線が描かれている。また、ロードス島近辺には、緯度線に垂直に交わる経度線も描かれていた。

## 6.0 急がば回れ？

5章では、数学と物理学におけるデカルト座標のすごさを見てきました。
こんな方法を思いついたデカルトって天才！ … と言いたいところですが、じつは縦軸と横軸という発想だけならば、もっと昔から存在していました。

たとえば、碁盤の目のような京都の街並み。「鳴くよ(794)ウグイス平安京」で有名なように、1200年以上も昔から東西南北の道路で区切られてきました。
さらにさかのぼれば、こうした条坊制と呼ばれる都市計画は、当時の中国をモデルにしたものですし、緯度と経度という発想に至っては紀元前300年頃の古代ギリシアの地図に既に描かれていたというのですから驚きです。

そこで、そんな地図を使ったクイズです！
東京からワシントンD.C.へ向かう最短ルートはどこでしょう？
（図6.1 の地図上の二つの×印を線で結んでみて下さい。）
簡単ですね。答えは図6.2 (a) です。 …って、えぇっ!? Σ(゜ロ゜;)

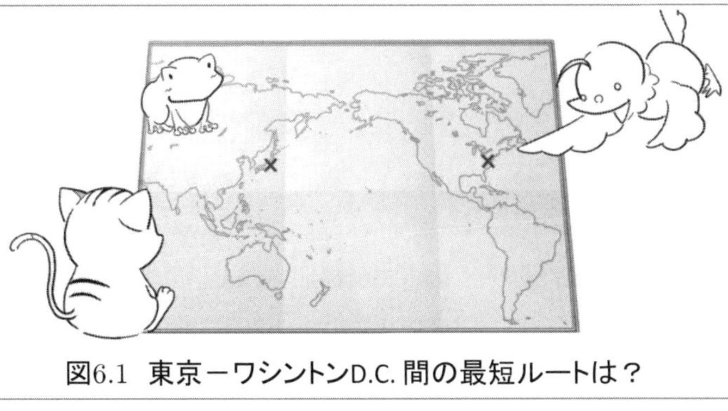

図6.1 東京－ワシントンD.C. 間の最短ルートは？

**i ヒッパルコス（前190 頃 - 前120頃）**

古代ギリシアの天文学者。緯度と経度を体系化し、地軸が歳差運動していることも発見した。約1000 個の星の位置を記録し、一等星から六等星という等級をつけたことでも知られている。

もしかして、二つの×印をまっすぐ直線で結びませんでしたか？

それは地図を広げたまま、もしくは縦に丸めて筒状にしたときの最短ルート（等角航路）です。本物の地球は球なので、このルートは間違いです。

本当の最短ルートを調べる為には地球儀とひもを用意します。

まず、図6.2 (b) のように地球儀にひもを押し当てて、東京 - ワシントンD.C.間を最短で結びます。するとどうでしょう？　ひもはオホーツク海やアラスカの上空を通りましたよね？

このルートを平面の地図上に描き直したものが、図6.2 (a) というわけです。

それにしても、なぜ私達はこんな紛らわしい地図を使っているのでしょう？

その原因は、15〜17 世紀の大航海時代にまで遡ります。

この時代、船乗りたちは羅針盤で方角を調べ、六分儀で緯度を計測して、船の進路を決めていましたが、経度だけは正しく測る方法がありませんでした。

緯度と経度の両方が分からなければ、現在地を確認することができません。

そこで彼らは、（最短でなくとも）一定の「方角」に向かって船を進めることで目的地へたどり着こうと考えました。その際、地図上の二点を直線で結ぶだけで目的の「方角」を示してくれたのが例の地図、メルカトル図法だったのです。

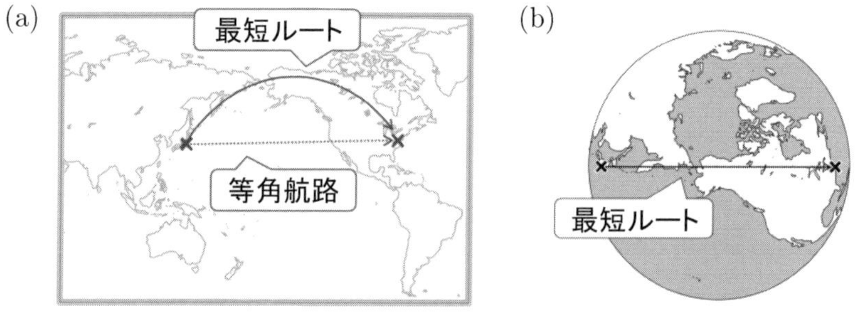


図6.2 最短ルート（大圏航路）と等角航路

### i 大圏航路（great circle route）と等角航路（rhumb line）

図6.2 (a) の最短ルートは大圏航路と呼ばれ、飛行機や弾道ミサイルの航路に使われている。点線で描いた直線ルートは等角航路と呼ばれ、大航海時代の船の航路に使われてきた。

## 6.1 緯度と経度と球面極座標

このクイズは、緯度と経度がデカルト座標のような平面上のマス目ではなく地球の中心に対する角度を表すものであったことを思い出させてくれます。

そこであらためて、緯度と経度の定義を振り返ってみましょう。

「緯度」では、赤道を0度、北極点と南極点を90度とし、間の地点は、そこに接する面（すなわち水平線）と地軸がなす角度で表します。そのため、水平線に対する北極星や太陽の角度を調べれば、緯度を知ることができます。

一方、「経度」では、北極点と南極点を結ぶ線を地球の表面に引き、そのうち、旧グリニッジ天文台を通る線を0度、その反対側の線を180度とします。そして、間の地点は、0度の線から東西へ回した角度を使って表します。そのため、旧グリニッジ天文台から見える太陽の位置と現在地から見える太陽の位置の差、すなわち時差が分かれば、経度を計算することができます。

この方法、半径にも自由度を持たせれば、三次元空間全体を表せるようになります。これを「球面極座標」と言います（図6.3）。（ただし、緯度・経度とは角度の定義方法に下図のような違いがあるので要注意です。）

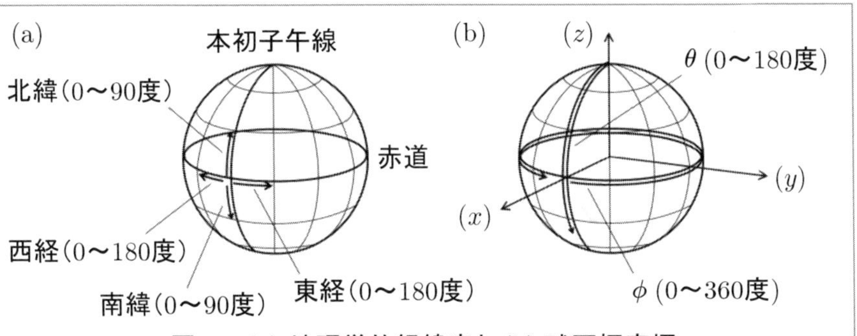


図6.3 (a) 地理学的経緯度と (b) 球面極座標

**i ハリソンのクロノメーター （1735）**

ジョン・ハリソンが発明した世界初の揺れる船上でも狂わない時計。正確な航海を可能にした。1 時間の時差は15 度の経度の差に対応し、母港と現在地との時差から経度が計算できる。

序章 1章 2章 3章 4章 5章 6章 7章 8章 索引

## 6.2 極座標

「球面極座標(spherical polar coordinates)」とは、名前から分かるように、「極座標(polar coordinates)」の一種です。

「極座標」とは、図6.4(a) のように、原点から放射状に伸びた動くベクトル、すなわち、動径ベクトル $\boldsymbol{r}$ と、基準とする方向からの角度 $\theta$ を使って、任意の点の位置を表す座標のことであり、旗竿(pole)に巻きつく旗のように $\boldsymbol{r}$ と$\theta$ が巻きついていくことから、「polar coordinates(旗竿の座標)」と呼ばれています。

これを三次元空間に拡張したものが、次の二つの座標です。

一つ目は、「円筒極座標(cylindrical polar coordinates )」。この座標では、「極座標」の $\boldsymbol{r}$ と $\theta$ で表した二次元平面に加えて、その面に垂直な柱方向の高さ $z$ を使って、三次元空間を表します。(図6.4(b))

二つ目は、「球面極座標」です。この座標では動径ベクトル $\boldsymbol{r}$ と縦の面内で時計回りに回した角度 $\theta$ 、そして、横の面内を反時計回りに回した角度 $\phi$ を使って、三次元空間を表します。(図6.4(c))

ところで、デカルト座標と同様、極座標においても基本ベクトルを作ることができます(図6.4 (a) (b) (c) )。$r$ 、$\theta$ 、$\phi$ それぞれの増加方向を表す大きさ 1 のベクトルを作ってやればよいのです。ただし、$\boldsymbol{e}_\theta$ と $\boldsymbol{e}_\phi$ の矢印を描くときは要注意。$\theta$ や $\phi$ を見ていると、$\boldsymbol{e}_\theta$ と $\boldsymbol{e}_\phi$ も丸い矢印にしたくなりますが、基本ベクトルはあくまでベクトル、直線の矢印でなければなりません。そこで、円の接線方向に直線の矢印を引いて、それを $\boldsymbol{e}_\theta$ や $\boldsymbol{e}_\phi$ とします。

すると驚いたことに、全ての基本ベクトルは、お互いに「直交」しています。

そう、じつは極座標の基本ベクトルもまた、「正規直交基底」だったのです！

### i 極 (pole)

pole とは「旗竿のような柱」を意味する。North Pole(北極)も、もともとは「地軸の北側」という意味であり、後から「北の最果て(極地)」という意味が加わったものと推測される。

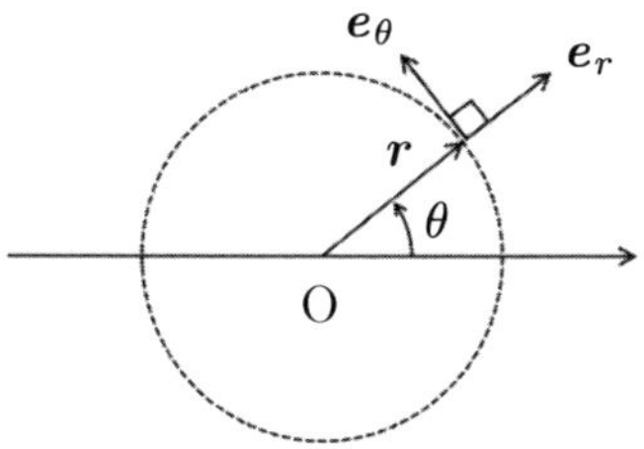


$$
\begin{cases} x = r\cos\theta \\ y = r\sin\theta \end{cases}
$$

図6.4 (a) 平面極座標

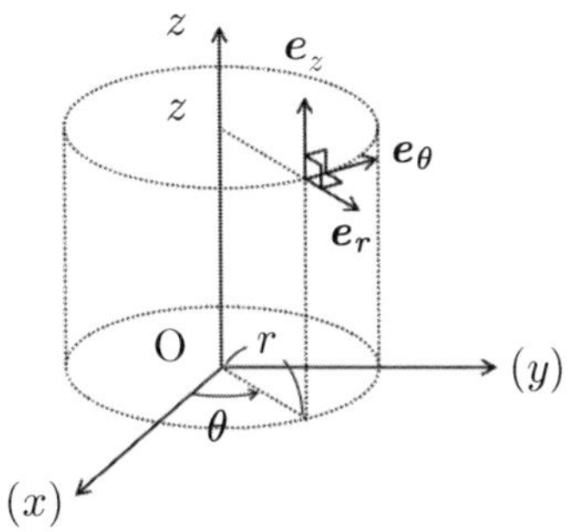


$$
\begin{cases} x = r\cos\theta \\ y = r\sin\theta \\ z = z \end{cases}
$$

図6.4 (b) 円筒極座標

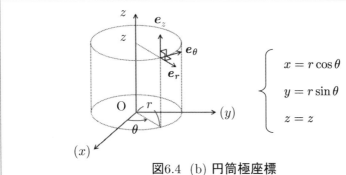

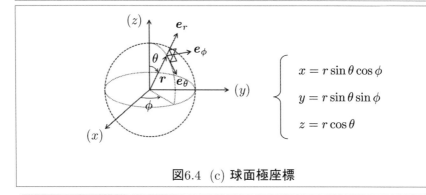

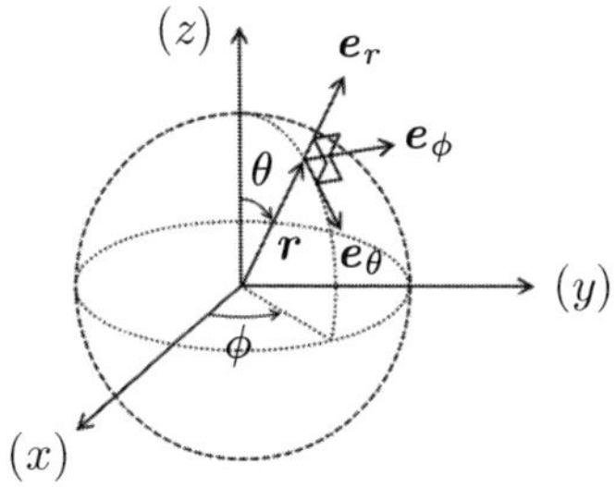


$$
\begin{cases} x = r\sin\theta\cos\phi \\ y = r\sin\theta\sin\phi \\ z = r\cos\theta \end{cases}
$$

図6.4 (c) 球面極座標

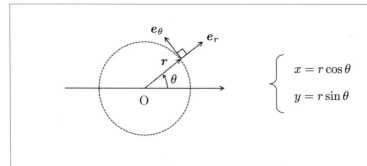

**i 直交曲線座標 (orthogonal curvilinear coordinates)**

曲線座標$(u, v, w)$において、$u$ 曲線、$v$ 曲線、$w$ 曲線がどの点においても直交しているとき、それを「直交曲線座標」という。円筒極座標や球面極座標も、直交曲線座標の一つである。

序章 1章 2章 3章 4章 5章 6章 7章 8章 索引

## 6.3 デカルト座標と極座標の違い

ここで、デカルト座標と極座標の違いを二つ、紹介しておきましょう。

一つ目は、位置ベクトルについて。

位置ベクトルというと、デカルト座標における位置ベクトル

$$\boldsymbol{r} = a\boldsymbol{e}_x + b\boldsymbol{e}_y + c\boldsymbol{e}_z$$

のように、三つの基本ベクトルを全て使って表すものと思われがちです。

ところが、(平面)極座標における位置ベクトルは次のようになります。

$$\boldsymbol{r} = r\boldsymbol{e}_r$$

見ての通り、基本ベクトルは $\boldsymbol{e}_r$ しか使っていません！

二つ目は、微分について。

5章では、運動方程式の計算を $x$ 成分と $y$ 成分に分けて行ってきました。

つまり、成分表示 $(x,\, y)$ の微分を $\left(\dfrac{dx}{dt}, \dfrac{dy}{dt}\right)$ としてきたのです。

でもこれ、よく考えると変です。たとえば、$\boldsymbol{x}(t) = x(t)\boldsymbol{e}_x(t)$ を微分すれば、

$$\frac{d}{dt}\left(x(t)\boldsymbol{e}_x(t)\right) = \frac{dx(t)}{dt}\boldsymbol{e}_x(t) + x(t)\frac{d\boldsymbol{e}_x(t)}{dt}$$

となり、第一項の $\boldsymbol{e}_x(t)$ の係数はたしかに成分表示と一致します。しかし、第二項はどこへ消えたのでしょう？　ここでポイントになるのが基本ベクトルの時間変化です。通常、デカルト座標では基本ベクトルは動かないので、

$$\frac{d\boldsymbol{e}_x(t)}{dt} = \frac{d\boldsymbol{e}_x}{dt} = \boldsymbol{0}$$

となります。そう、微分するとゼロになるからこそ、第二項は消せたのです。

ところが、極座標の基本ベクトル $\boldsymbol{e}_r$ と $\boldsymbol{e}_\theta$ は時間とともに向きが変化します。つまり、$t$ で微分してもゼロにはならず、第二項も残ってくるというわけです！

**i　ベクトル（vector）**

19 世紀に数学・物理学者のウィリアム・ローワン・ハミルトンが考案したとされる専門用語。点から点へと運ぶ様子を表すことから、ラテン語の vehere（運ぶ）に由来して作られた。

このように変数に対して大きさや向きが変化するベクトルは、ベクトル関数と呼ばれます。ベクトル関数には次のような定義と公式があります。

【ベクトル関数の微分の定義】

$\displaystyle\lim_{\Delta t \to 0} \frac{\boldsymbol{A}(t+\Delta t) - \boldsymbol{A}(t)}{\Delta t}$ が極限値をもつとき、それを $\boldsymbol{A}(t)$ の $t$ における微分係数といい、$\dfrac{d\boldsymbol{A}(t)}{dt}$ で表す。

【ベクトル関数の微分の公式】

$\boldsymbol{A}(t)$, $\boldsymbol{B}(t)$ はベクトル関数、$\alpha$, $\beta$ は定数、$f(t)$ はスカラー関数のとき

(1) $\displaystyle\frac{d}{dt}(\alpha \boldsymbol{A}(t) + \beta \boldsymbol{B}(t)) = \alpha \frac{d\boldsymbol{A}(t)}{dt} + \beta \frac{d\boldsymbol{B}(t)}{dt}$

(2) $\displaystyle\frac{d}{dt}(f(t)\boldsymbol{A}(t)) = \frac{df(t)}{dt}\boldsymbol{A}(t) + f(t)\frac{d\boldsymbol{A}(t)}{dt}$

(3) $\displaystyle\frac{d}{dt}(\boldsymbol{A}(t)\cdot\boldsymbol{B}(t)) = \frac{d\boldsymbol{A}(t)}{dt}\cdot\boldsymbol{B}(t) + \boldsymbol{A}(t)\cdot\frac{d\boldsymbol{B}(t)}{dt}$

【ベクトル関数の定積分の定義】

$a \leq t \leq b$ で定義された積分可能なベクトル関数 $\boldsymbol{A}(t) = (x(t), y(t), z(t))$ に対し、定積分は、次のような成分ごとの積分で定義される。

$$\int_a^b \boldsymbol{A}(t)dt = \boldsymbol{e}_x \int_a^b x(t)dt + \boldsymbol{e}_y \int_a^b y(t)dt + \boldsymbol{e}_z \int_a^b z(t)dt$$

【ベクトル関数の定積分の公式】

$\boldsymbol{A}(t)$, $\boldsymbol{B}(t)$ はベクトル関数、$\alpha$, $\beta$ は定数のとき

$$\int_a^b (\alpha \boldsymbol{A}(t) + \beta \boldsymbol{B}(t))\,dt = \alpha \int_a^b \boldsymbol{A}(t)dt + \beta \int_a^b \boldsymbol{B}(t)dt$$

**i スカラー (scalar)**

「大きさ」と「向き」を持つベクトルに対して、「大きさ」だけの量のことをスカラーと呼ぶ。英語の Scale (定規、目盛り)と同様に、ラテン語の Scalaris (はしご)を語源にもつ。

## 6.4 極座標の基本ベクトルの時間微分

では実際に $\boldsymbol{e}_r$ と $\boldsymbol{e}_\theta$ の時間微分を計算してみましょう。と言っても、図と式を使ってごちゃごちゃと考えるのも大変なので、デカルト座標を利用します。

まず、デカルト座標に $\boldsymbol{e}_r$と $\boldsymbol{e}_\theta$ を描きます。すると、図6.5 のようになり、

$$\boldsymbol{e}_r = \cos\theta(t)\boldsymbol{e}_x + \sin\theta(t)\boldsymbol{e}_y$$
$$\boldsymbol{e}_\theta = -\sin\theta(t)\boldsymbol{e}_x + \cos\theta(t)\boldsymbol{e}_y$$

という式が得られます。これを $t$ で微分します。

$$\frac{d\boldsymbol{e}_r}{dt} = -\sin\theta(t)\frac{d\theta(t)}{dt}\boldsymbol{e}_x + \cos\theta(t)\underbrace{\frac{d\boldsymbol{e}_x}{dt}}_{\mathbf{0}} + \cos\theta(t)\frac{d\theta(t)}{dt}\boldsymbol{e}_y + \sin\theta(t)\underbrace{\frac{d\boldsymbol{e}_y}{dt}}_{\mathbf{0}}$$

$$= \frac{d\theta(t)}{dt}(-\sin\theta(t)\boldsymbol{e}_x + \cos\theta(t)\boldsymbol{e}_y)$$

$$\frac{d\boldsymbol{e}_\theta}{dt} = -\cos\theta(t)\frac{d\theta(t)}{dt}\boldsymbol{e}_x + (-\sin\theta(t))\underbrace{\frac{d\boldsymbol{e}_x}{dt}}_{\mathbf{0}} + (-\sin\theta(t))\frac{d\theta(t)}{dt}\boldsymbol{e}_y + \cos\theta(t)\underbrace{\frac{d\boldsymbol{e}_y}{dt}}_{\mathbf{0}}$$

$$= -\frac{d\theta(t)}{dt}(\cos\theta(t)\boldsymbol{e}_x + \sin\theta(t)\boldsymbol{e}_y)$$

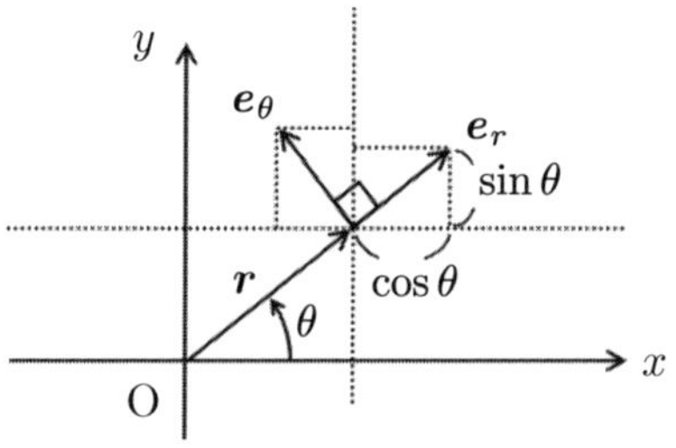


図6.5 極座標の基本ベクトルをデカルト座標で表す

### i ギリシア文字の読み方

小文字 $\theta$（シータ）／ $\phi$（ファイ）／ $\psi$（プサイ）

大文字 $\Theta$（シータ）／ $\Phi$（ファイ）／ $\Psi$（プサイ）

これらの結果をよく見ると、それぞれの括弧の中身は $\boldsymbol{e}_\theta$ と $\boldsymbol{e}_r$ そのものです。よって、二つの式は簡単に極座標に戻すことができます。

**【極座標の基本ベクトルの導関数】**

$$\frac{d\boldsymbol{e}_r}{dt} = \frac{d\theta(t)}{dt}\boldsymbol{e}_\theta$$

$$\frac{d\boldsymbol{e}_\theta}{dt} = -\frac{d\theta(t)}{dt}\boldsymbol{e}_r$$

（以後、この二つの式は公式として使っていきます。）

この計算のように、ある座標系から別の座標系へと座標系を変える操作のことを「座標変換」といいます。6.5節でも紹介するように、状況に応じて適切な座標系を使い分けることができれば、いろいろな計算がより簡単になります。

ちなみに、円筒極座標と球面極座標の基本ベクトルは、デカルト座標の基本ベクトルを使うと以下のように書き直せます。

【円筒極座標の基本ベクトル】

$$\boldsymbol{e}_r = \cos\theta(t)\boldsymbol{e}_x + \sin\theta(t)\boldsymbol{e}_y$$

$$\boldsymbol{e}_\theta = -\sin\theta(t)\boldsymbol{e}_x + \cos\theta(t)\boldsymbol{e}_y$$

$$\boldsymbol{e}_z = \boldsymbol{e}_z$$

【球面極座標の基本ベクトル】

$$\boldsymbol{e}_r = \sin\theta(t)\cos\phi(t)\boldsymbol{e}_x + \sin\theta(t)\sin\phi(t)\boldsymbol{e}_y + \cos\theta(t)\boldsymbol{e}_z$$

$$\boldsymbol{e}_\theta = \cos\theta(t)\cos\phi(t)\boldsymbol{e}_x + \cos\theta(t)\sin\phi(t)\boldsymbol{e}_y - \sin\theta(t)\boldsymbol{e}_z$$

$$\boldsymbol{e}_\phi = -\sin\phi(t)\boldsymbol{e}_x + \cos\phi(t)\boldsymbol{e}_y$$

**i 座標系（coordinate system）**

デカルト座標や極座標といった座標の種類に加えて、原点の位置や座標軸の向きといった、その座標を表す仕組みを総称して、座標系と呼ぶ。

序章 1章 2章 3章 4章 5章 6章 7章 8章 索引

## 6.5【例題】等速円運動（極座標系で考える）

極座標の練習として、5.10節の等速円運動を解き直してみましょう。

まず、「角速度が一定」なので、 $\theta(t) = \omega t$ （ $\omega$ は定数）

また、「円運動」なので、 $r(t) = r$ （ $r$ は定数）と書けます。

よって、極座標系で位置ベクトル $\boldsymbol{r}(t)$ を書くと、次のようになります。

$$\boldsymbol{r}(t) = r\boldsymbol{e}_r$$

位置を時間で微分すれば速度が得られ、速度を時間で微分すれば加速度が得られます。それは、極座標系になっても変わりません。

よって、速度 $\boldsymbol{v}(t)$ は次のように書けます。

$$\boldsymbol{v}(t) = \frac{d\boldsymbol{r}(t)}{dt} = \frac{d}{dt}(r\boldsymbol{e}_r) = r\frac{d\boldsymbol{e}_r}{dt}$$

（ここでは $r$ は定数なので、導関数の外に出せます。）

ここで、6.4節で求めた $\boldsymbol{e}_r$ の導関数と $\theta(t) = \omega t$ を用いれば、

$$r\frac{d\boldsymbol{e}_r}{dt} = r\left(\frac{d\theta(t)}{dt}\boldsymbol{e}_\theta\right) = r\omega\boldsymbol{e}_\theta$$

となるので、次の式が得られます。

$$\boldsymbol{v}(t) = r\omega\boldsymbol{e}_\theta$$

これは速度 $\boldsymbol{v}(t)$ が $\boldsymbol{e}_\theta$ 方向、すなわち、接線方向に $r\omega$ の大きさをもつことを示しています。これをさらに $t$ で微分すると、加速度 $a(t)$ も得られて、

$$\boldsymbol{a}(t) = \frac{d\boldsymbol{v}(t)}{dt} = r\omega\left(\frac{d\boldsymbol{e}_\theta}{dt}\right) = r\omega\left(-\frac{d\theta(t)}{dt}\boldsymbol{e}_r\right) = -r\omega^2\boldsymbol{e}_r$$

となります。よって、加速度 $a(t)$ は、$\boldsymbol{e}_r$ の逆方向、すなわち円の中心方向に向かって $r\omega^2$ の大きさをもつことが分かります。以上、計算終わり！

なんと、5.10節よりもさらにあざやかに計算できてしまいました！

**i 六分儀（sextant）**

円を六等分した 60 度の目盛りと望遠鏡と反射鏡からなる、天体の高度を測る為の器械。
反射鏡に映る天体を水平線と一致させて目盛りを読む。太陽の南中高度から緯度が分かる。

## 6.6 運動方程式を極座標系で表す

6.5節のように、円や楕円を考える場合は、極座標を使うと便利になることがよくあります。そこで、運動方程式も極座標に直しておこうと思います。

一般的な位置ベクトル $\boldsymbol{r}(t) = r(t)\boldsymbol{e}_r$ を微分すれば、

$$\begin{aligned} \boldsymbol{v}(t) &= \frac{d\boldsymbol{r}(t)}{dt} \\ &= \frac{dr(t)}{dt}\boldsymbol{e}_r + r(t)\frac{d\boldsymbol{e}_r}{dt} \\ &= \frac{dr(t)}{dt}\boldsymbol{e}_r + r(t)\frac{d\theta(t)}{dt}\boldsymbol{e}_\theta \end{aligned}$$

となり、極座標における速度ベクトル $\boldsymbol{v}(t)$ が得られます。さらに微分すると、

$$\begin{aligned} \boldsymbol{a}(t) &= \frac{d\boldsymbol{v}(t)}{dt} \\ &= \frac{d^2r(t)}{dt^2}\boldsymbol{e}_r + \frac{dr(t)}{dt}\frac{d\boldsymbol{e}_r}{dt} + \frac{dr(t)}{dt}\left(\frac{d\theta(t)}{dt}\boldsymbol{e}_\theta\right) + r(t)\frac{d}{dt}\left(\frac{d\theta(t)}{dt}\boldsymbol{e}_\theta\right) \\ &= \left\{\frac{d^2r(t)}{dt^2} - r(t)\left(\frac{d\theta(t)}{dt}\right)^2\right\}\boldsymbol{e}_r + \left(2\frac{dr(t)}{dt}\frac{d\theta(t)}{dt} + r(t)\frac{d^2\theta(t)}{dt^2}\right)\boldsymbol{e}_\theta \end{aligned}$$

となり、極座標における加速度ベクトル $\boldsymbol{a}(t)$ が得られます。

これを $m\boldsymbol{a} = \boldsymbol{F}$ に代入することで、極座標系の運動方程式が得られます。

**【極座標系で記述した運動方程式】**

$$m\left\{\frac{d^2r(t)}{dt^2} - r(t)\left(\frac{d\theta(t)}{dt}\right)^2\right\}\boldsymbol{e}_r + m\left(2\frac{dr(t)}{dt}\frac{d\theta(t)}{dt} + r(t)\frac{d^2\theta(t)}{dt^2}\right)\boldsymbol{e}_\theta = \boldsymbol{F}$$

7章の惑星の運動では、この式が大活躍します。

i **ゲラルドゥス・メルカトル (1512 - 1594)**

フランドル出身の地理学者。地球を円筒に投影するメルカトル図法で航海用地図を作成した。完成した地図帳は「アトラス」と名づけられ、以降、アトラスは世界地図の代名詞となった。

<u>基本問題 6.1（弧度法）</u>

次の度数法（度）の角度を、弧度法（rad）に変換せよ。

(1) 0 度　(2) 30 度　(3) 45 度　(4) 90 度　(5) 180 度　(6) 270 度　(7) 360 度

… 解答 ……………………………………………………………………………

(1) 0　(2) $\pi/6$　(3) $\pi/4$　(4) $\pi/2$　(5) $\pi$　(6) $3\pi/2$　(7) $2\pi$

<u>基本問題 6.2（円弧の長さ）</u>

角度を弧度法で表す場合、半径 $r$、中心角 $\theta$ の扇形の弧の長さ $l$ を求めよ。

… 解答 ……………………………………………………………………………

弧の長さ $l = r\theta$

<u>基本問題 6.3（糸の張力を利用した等速円運動）</u>

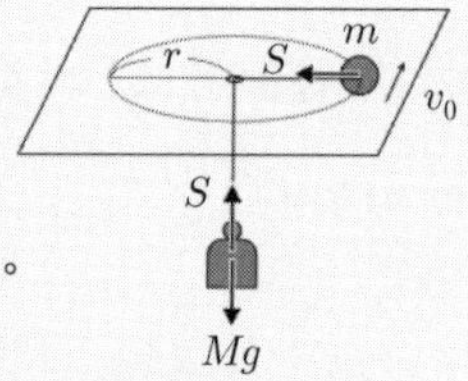


右図のように、水平で滑らかな台の中心に穴を空けて軽い糸を通し、質量 $m$ の物体 A と、質量 $M$ の物体 B をつなぐ。
物体 A に対して、糸に垂直な方向へ初速度 $v_0$ を与えたところ、物体 A は半径 $r$ の等速円運動を始め、物体 B は静止していた。
重力加速度を $g$ として、等速円運動の半径 $r$ を求めよ。

… 解答 ……………………………………………………………………………

（物体 A の向心力）=（糸の張力）=（物体 B にかかる重力）なので、$mv_0^2/r = S = Mg$ 。
よって、$r = mv_0^2/(Mg)$ となる。

<u>基本問題 6.4（バネの復元力を利用した等速円運動）</u>

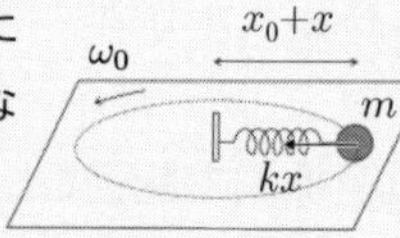


右図のように、水平で滑らかな床の上に置かれた質量 $m$ の物体に一端が固定されているが自由に回転できるバネ定数 $k$ の理想的なバネを取り付ける。自然長 $x_0$ からさらに距離 $x$ だけ引っ張り、固定された端を中心にして角速度 $\omega_0$ で水平に回転させたところ、バネは縮まず、物体は等速円運動を始めた。ばねの伸び $x$ を求めよ。

… 解答 ……………………………………………………………………………

等速円運動の半径は、バネ全体の長さ $(x_0 + x)$ となることに注意して解く。
（向心力）=（バネの復元力）なので、$m(x_0 + x)\omega_0^2 = kx$ 。

よって、$x_0 + x = \dfrac{k}{m\omega_0^2}x$ より、$x = \dfrac{x_0}{\frac{k}{m\omega_0^2} - 1}$ が得られる。

演習 6.1 （円錐振り子）

右図のように、一端を天井に固定した長さ $l=4.9\,\mathrm{m}$ の軽い糸に質量 $m=0.2\,\mathrm{kg}$ の物体を吊り下げ、水平に等速円運動させたい。糸の傾き $\theta$ を 60 度にする為に必要な角速度 $\omega$ を求めよ。また、このときの周期 $T$ を求めよ。

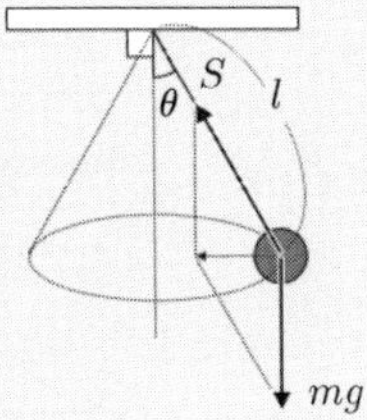


演習 6.2 （等角航路と大圏航路）

都市A（北緯39度、東経141度）から都市B（北緯39度、西経77度）へ移動したい。地球を半径 6400 km の球体とみなして、次の問いに答えよ。

(1) 等角航路を、時速44 km の貨物船を使って移動する場合、何時間かかるか？

(2) 大圏航路を、時速860 km の旅客機を使って移動する場合、何時間かかるか？

… 解答 ……………………………………………………

演習 6.1　張力 $\boldsymbol{S}$ と重力 $m\boldsymbol{g}$ の合力（力のベクトルの合成）が向心力として働くことで、物体は等速円運動する。円の半径は $l\sin\theta$ なので、向心力は $ml\omega^2\sin\theta$ と書ける。一方、鉛直方向の力のつりあいの式 $mg=S\cos\theta$ より $S=mg/\cos\theta$ となるので、張力の水平方向成分 $S\sin\theta$ は $mg\tan\theta$ と書ける。よって、$ml\omega^2\sin\theta=mg\tan\theta$ となり、$\omega=\sqrt{g/(l\cos\theta)}$ が得られる。ここに $l=4.9\,\mathrm{m}$ 、$\theta=\pi/3$ 、$g=9.8\,\mathrm{m\,s^{-2}}$ を代入すれば、$\omega=2.0\,\mathrm{rad/s}$ 、$T=2\pi/\omega=3.1\,\mathrm{s}$ が得られる。

演習 6.2　(1) 北緯39度線は、地軸を中心とする半径 $6400\cos 39^\circ=4974\,\mathrm{km}$ の円を描く。二都市の経度の差は、$360-141-77=142$ 度なので、等角航路は、$4974\times 2\pi\times(142/360)=12327\,\mathrm{km}$ となる。ここを時速 44 km で進めば、$12327/44=280\,\mathrm{h}$ かかる。

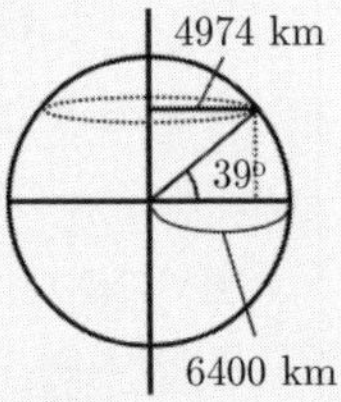

(2) 二都市の緯度と経度を球面極座標に変換すると、$(r,\theta,\phi)=(6400,\,51,\,141),\,(6400,\,51,\,283)$ となり、さらにこれを、球面極座標からデカルト座標への変換式、$x=r\sin\theta\cos\phi,\ y=r\sin\theta\sin\phi,\ z=r\cos\theta$ （105ページ参照）で変換すると、$(x,\,y,\,z)=(-0.60\,r,\,0.49\,r,\,0.63\,r),\,(0.17\,r,\,-0.76\,r,\,0.63\,r)$ となる。ここで、地球の中心を O とすると、ベクトル $\overrightarrow{\mathrm{OA}}$ と $\overrightarrow{\mathrm{OB}}$ の内積は、

$$|\overrightarrow{\mathrm{OA}}|\cdot|\overrightarrow{\mathrm{OB}}|\cos\angle\mathrm{AOB}=(-0.60\,r,\,0.49\,r,\,0.63\,r)\cdot(0.17\,r,\,-0.76\,r,\,0.63\,r)$$
$$=-0.080\,r^2$$

となるが、$|\overrightarrow{\mathrm{OA}}|=|\overrightarrow{\mathrm{OB}}|=r$ なので、$\angle\mathrm{AOB}=95^\circ$ が得られる。よって、大圏航路は $6400\times 2\pi\times(95/360)=10600\,\mathrm{km}$ となり、ここを時速 860 km で進めば、$10600/860=12\,\mathrm{h}$ かかる。

# 第7章

# 惑星の運動と万有引力の法則

7章では、「ケプラーの法則」から「万有引力の法則」を導きます。

「ケプラーの法則」とは、1609年と1618年の二度に分けて発表された惑星の運動に関する法則で、先に発表された第一、第二法則ではそれぞれの惑星の楕円運動について、後に発表された第三法則では全ての惑星に共通する法則について記述されています。

ニュートンは、地上の法則である「運動の法則」を用いて、天界の運動である「ケプラーの法則」を数学的に説明してみせます。こうして得られた地上と天界をつなぐ法則が、「万有引力の法則」です。

i **ヨハネス・ケプラー（1571 - 1630）**

ドイツの数学・天文学者。ブラーエが残した膨大な天体観測データの軌道計算を行い、8年近くにわたる試行錯誤の末、惑星が楕円軌道で動いていることを発見した。

## 7.0　宇宙観にまつわる三つの誤解

5章と6章を通じて、私達は多次元の空間を扱う手段を手に入れました。
ここからいよいよ、話は宇宙空間へと広がります。

そこで、三つのクエスチョン！

【第一問】ガリレオが地動説を唱えた17世紀、多くの人々は「地球は平らで端まで行くと滝になって落ちてしまう」と信じていた。○か×か？

答えは「×」です。その証拠に、メルカトル図法が作られたのは1569年です。地球が丸いと知っていなければ、そんな地図は作れません。

さらに言えば、コロンブスが通常とは逆の西回りでインドを目指してアメリカ大陸に到達したのは1492年のことですし、驚いたことに、紀元前240年頃にはギリシアの数学者エラストテネスが地球の外周を正確に計算しています。

なんと、地球が丸いことは紀元前から知られていたのです！

図7.1　すこし昔（？）の地球平面説

**i　宇宙（cosmos、space、universe）**

「cosmos」は「秩序」を表すギリシア語を語源に持ち「秩序だった世界」を表す。「space」は「宇宙空間」、「universe」は「（時間も空間も世界観も）全てを一つにひっくるめた世界」を表す。

17世紀の人々は「地球が丸い」ことを既に知っていました。にもかかわらず、1633年、地動説を唱えたガリレオは裁判にかけられてしまいます。

そこで次のクエスチョン！

【第二問】 地動説は、当時誰も考えたことのない説だった。○か×か？

これも答えは「×」です。

地動説の提唱者として有名なコペルニクスは、ガリレオの裁判の90年前、1543年にはすでに「天体の回転について」で地動説を発表しています。

また、このあと紹介するヨハネス・ケプラーも、共同研究者のティコ・ブラーエが残した詳細なデータをもとに、惑星が楕円軌道で動いていることを発見し、1609年に「新天文学」で発表しています。そもそも地球が動いていると考えていなければ、楕円運動なんて提案できません。

これらはどちらも、ガリレオが裁判にかけられる原因となった「天文対話」(1632年)よりも前の話です。

ということで、ラストクエスチョン！

【第三問】 ガリレオの地動説は、他の誰かの二番煎じだった。○か×か？

答えは「×」です。

ガリレオ以前の地動説は、星の動きをうまく説明できる数学モデルの一つに過ぎませんでした。「そう考えれば計算できる」というだけで、証拠は無かったのです。それに対してガリレオは、1609〜1610年、人類初の望遠鏡を使った天体観測を行い、月面に凹凸があることや、木星に衛星があること、金星が満ち欠けすることを発見します。これらはどれも地動説の「目に見える証拠」と呼べる画期的なものでした。つまり、ガリレオの地動説は、ただの数学モデルや仮説とは違う、実在の証拠にもとづく「報告」だったのです。

**i 名言・格言 (by ガリレオ)**

「それでもそれ(地球)は動いている。」

ここで一度、力学にまつわる歴史を整理しておきましょう。

【力学誕生までの歴史】

| 西暦 | 人名 | 業績 |
|---|---|---|
| 前550頃 | ピタゴラス（希） | 地球球体説（幾何学的発想） |
| 前330頃 | アリストテレス（希） | 地球球体説（星空の見え方の違いを根拠に） |
| 前300頃 | ヒッパルコス（希） | 緯度と経度を体系化 |
| 前250頃 | アリスタルコス（希） | 地動説（太陽中心の宇宙） |
| 前240頃 | エラストテネス（希） | 地球の外周を計算 |
| 150 | プトレマイオス（希） | 天動説「アルマゲスト」 |
| 1492 | コロンブス（伊） | 大西洋航路発見 |
| 1543 | コペルニクス（波） | 地動説「天体の回転について」 |
| 1569 | メルカトル（白） | メルカトル図法で地図を作成 |
| 1570頃 | ティコ・ブラーエ（丁） | 詳細な天体観測を行う |
| 1609 | ケプラー（独） | 惑星の楕円軌道「新天文学」 |
| 1610 | ガリレオ（伊） | 木星の衛星発見「星界の報告」 |
| 1618 | ケプラー（独） | $T^2 \propto r^3$「世界の調和」 |
| 1632 | ガリレオ（伊） | 地動説「天文対話」 |
| 1633 | ガリレオ（伊） | 裁判にかけられる |
| 1637 | デカルト（仏） | 「方法序説」 |
| 1638 | ガリレオ（伊） | 「新科学対話」 |
| 1676 | フック（英） | フックの法則を発表 |
| 1687 | ニュートン（英） | 「プリンキピア」 |
| 1735 | ハリソン（英） | クロノメーター（船舶用時計）発明 |

**i ティコ・ブラーエ（1546 - 1601）**

デンマークの天文学者。天体観測技術に優れ、望遠鏡の無い時代に高精度の観測を行う。ケプラーらと共に研究を行ったが、主要なデータは亡くなるまでケプラーに渡さなかった。

## 7.1 ケプラーの法則

こうして年表にして見ると、じつに多くの科学者や技術者たちの協力の上に現在の宇宙観が築かれてきたことが分かります。

身近な現象に自然の神秘を感じた科学者たちが、地道な基礎研究の末に広大な知識を積み重ね、高度な技を持つ技術者たちが、それらを最新技術へと応用する。そしてある時、一人のイノベーターのひらめきが、思わぬところで発想の連鎖を引き起こし、世界観そのものを塗り替える。こうした専門も国も時代も超えたつながりが、17世紀の科学革命を引き起こしたのです。

ケプラーもまた、そんな科学者であり、イノベーターでもありました。

ケプラーの凄いところは、惑星の公転軌道が真円ではなく楕円であることに気づいた点にあります。

当時はあのガリレオでさえ、真円という美しい形へのこだわりを捨てきれず惑星の公転軌道も真円に違いないと思いこんでいました。その為、地動説を使っても惑星の運動を完全には説明できていませんでした。

そこにケプラーは、「楕円」という新たな発想を投げかけたのです。

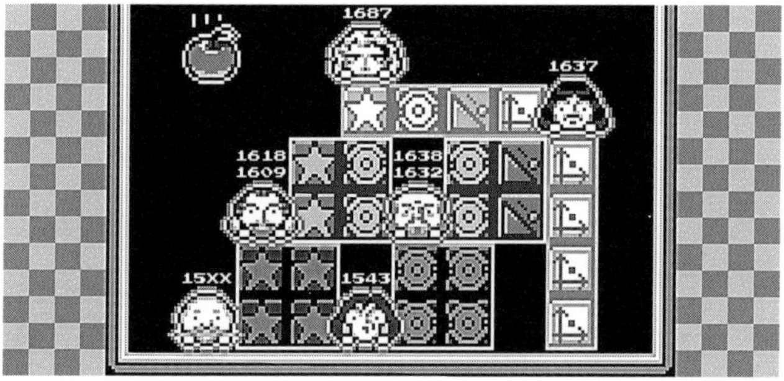


図7.2 基礎×技術×ひらめき＝イノベーション

**i 名言・格言 (by ニュートン)**

「私が遠くを見ることができたのは、巨人たちの肩の上に立っていたからです。」

1609年、ケプラーは「新天文学」で個々の惑星の運動に関する二つの法則を発表します。

**【ケプラーの第一法則 (楕円軌道の法則)】**

**惑星は、太陽を焦点の一つとする楕円軌道上を動く。**

**【ケプラーの第二法則 (面積速度一定の法則)】**

**惑星と太陽を結ぶ線分が単位時間に通過する面積は、常に一定である。**

それからさらに10年後、ケプラーは全ての惑星を結びつける法則を発見し「世界の調和」というタイトルで発表します。

**【ケプラーの第三法則 (調和の法則)】**

**惑星の公転周期 $T$ の2乗と、その楕円軌道の長半径 $a$ の3乗との比は、全ての惑星に共通で一定である。**

一般人にとっては「へ〜、面白いね」で終わってしまいそうなこの法則ですが 3:2 という比率は音階と関わりのある数字だったことから、そこにケプラーは惑星と惑星をつなぐ世界のハーモニー(調和)を感じていました。

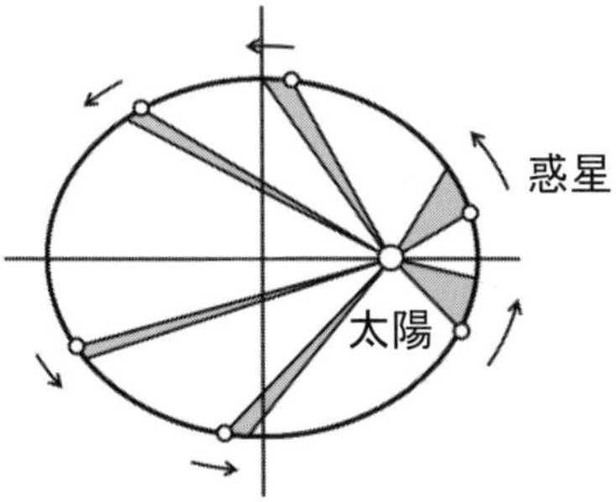


図7.3 ケプラーの第二法則 (面積速度一定の法則)

**i 単位時間 (unit time)**

基準とする一定の時間のこと。一定であれば良いので、「1秒」でも「1分」でも「1時間」でも、好きな単位で考えて構わない。指示が無い場合は、とりあえず「1秒」とみなしてよい。

序章
1章
2章
3章
4章
5章
6章
7章
8章
索引

## 7.2 万有引力の法則

惑星の楕円軌道を発見したケプラーは、さらにその原因として、惑星は太陽から出る磁力のような力で引き寄せられていると考えます。

… ん？ それって引力のこと？

そうです。厳密に言うと、「磁力」というのは間違いでしたが、惑星が太陽に引っ張られているという発想そのものは当たっていました。

つまり、引力という発想はニュートンよりも前から存在していたのです。

それが本当ならば、木から落ちるリンゴを見て「万有引力の法則」を発見したという、あの有名なニュートンのエピソードはなんだったのでしょう？

その真相を探るには、当時の人々の宇宙観について知る必要があります。

17世紀の人々にとって、天体が落ちてくることなく回り続ける宇宙（天界）は、文字通りの異世界でした。そこには地上とは全く異なる完璧な秩序が存在し、それが円や球といった美しい図形を作り出していると考えていたのです。

それに対して、地上＝不完全な世界で観測される現象は、あくまで地上だけのものでした。天界とのつながりをわずかには見出せるかもしれないけれど全く同じ自然法則に従っているとは思ってもいなかったのです。

そんな中、ニュートンは、地上の自然現象から導いた「運動方程式」を使って天界の自然現象である「惑星の楕円運動」を説明してみせたのです。

これは、二つの異世界を一つに結びつける大発見でした。

そのことを讃えた呼び名が「万有引力（universal gravitation）」、すなわち、「地上と天界の万物に働く引力」だったのです！

**i 磁力 (magnetic force)**

磁力の現象は紀元前600年頃には知られており、11世紀には羅針盤（方位磁石）として使用されていた。ピエール・ド・マリクールが書いた1269年の書簡にも記述が残されている。

## 7.3 中心力の運動方程式

では実際に、「運動方程式」を使って「万有引力の法則」を導いてみましょう。

まず、これから考えるのは楕円運動なので、デカルト座標ではなく極座標で記述していくことにします。

さて、太陽が惑星を引き寄せる力とは、どのようなものでしょうか？

直感に従えば、それは、太陽に向かってまっすぐ惑星を引っ張るはずです。そこで、「力の向きは、常に太陽と惑星を結ぶ直線上を向く」と仮定します。

さらに、「力の大きさには、太陽からの距離が関わっている」とも仮定します。

この二つの条件を満たす力のことを「中心力」と言います。

この中心力を、6.6節の「極座標系で記述した運動方程式」に代入すれば、

$$m\left\{\frac{d^2r}{dt^2}-r\left(\frac{d\theta}{dt}\right)^2\right\}\boldsymbol{e}_r+m\left(2\frac{dr}{dt}\frac{d\theta}{dt}+r\frac{d^2\theta}{dt^2}\right)\boldsymbol{e}_\theta=F(r)\boldsymbol{e}_r+0\,\boldsymbol{e}_\theta \quad \cdots ①$$

と書けます。よって、$\boldsymbol{e}_r$ 方向の力が「万有引力」であることを示す為には、

$F(r)=m\left\{\dfrac{d^2r}{dt^2}-r\left(\dfrac{d\theta}{dt}\right)^2\right\}$ を計算すればよいことが分かります。

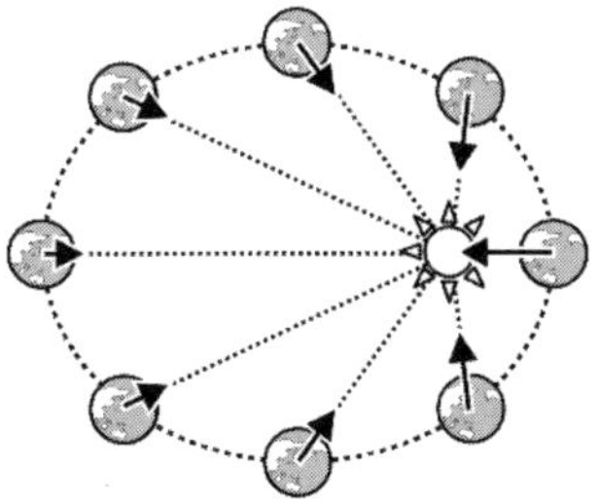

図7.4 中心力

**i 中心力 (central force)**

二つの物体を結ぶ直線上の方向を向き、物体間の距離に大きさが依存する力のこと。
この二つの条件を満たせば、引力でも斥力でも構わない。クーロン力なども含まれる。

## 7.4 中心力の場合の $\theta$ の時間微分

$F(r)$ を計算する為には、$\theta$ と $r$ の時間微分を求めなければなりません。
ここで都合のよいことに、$\theta$ の時間微分は、①式の $\boldsymbol{e}_\theta$ の係数部分

$$m\left(2\frac{dr}{dt}\frac{d\theta}{dt}+r\frac{d^2\theta}{dt^2}\right)=0 \qquad \cdots ②$$

だけを使って求めることができます。
まず、$m$ は惑星の質量なので、ゼロではありません。
すると、括弧の中がゼロということになり、ここで $r$ をかけてやると、

$$2r\frac{dr}{dt}\frac{d\theta}{dt}+r^2\frac{d^2\theta}{dt^2}=0$$

という式が得られます。この左辺、よく見ると

$$r^2\frac{d\theta}{dt}$$

を時間 $t$ で微分した形になっています。つまり、

$$\frac{d}{dt}\left(r^2\frac{d\theta}{dt}\right)=2r\frac{dr}{dt}\frac{d\theta}{dt}+r^2\frac{d^2\theta}{dt^2}=0$$

というわけです。そこで、この式の両辺を時間 $t$ で積分してやると、

$$r^2\frac{d\theta}{dt}=h \qquad (h \text{ は定数})$$

となり、よって、

$$\frac{d\theta}{dt}=\frac{h}{r^2} \qquad \cdots ②'$$

が得られます。
この②' 式が、中心力から導かれる $\theta$ の時間微分（一階導関数）です。

**i 名言・格言 （by ニュートン）**

「私は天体の動きならば計算できるが、人々の狂気は計算できない。」

## 7.5 ケプラーの第二法則（面積速度一定の法則）

$\theta$ の時間微分を使えば、面積速度を計算することもできます。

面積速度とは、動径ベクトル $r$ が単位時間あたりに通過する面積のことで、図7.5 で言うと、三角形 FPP’ の面積を通過時間で割ったものになります。

いま、微小時間 $dt$ の間に動径ベクトル $r$ が微小角度 $d\theta$ だけ進み、それによって動径の長さが $dr$ だけ増加したとします。このとき、微小面積 $dS$ は、

$$dS = \frac{1}{2}(r+dr)r\sin(d\theta) \approx \frac{1}{2}(r+dr)rd\theta \quad (\because\ d\theta \ll 1)$$

で表されます。微小量どうしをかけた $dr\,d\theta$ は $d\theta$ に比べて無視できるので、

$$dS = \frac{1}{2}r^2 d\theta + \frac{1}{2}r\,dr\,d\theta \approx \frac{1}{2}r^2 d\theta$$

と書けます。この $dS$ を微小時間 $dt$ で割ったものが面積速度なので、

$$\frac{dS}{dt} = \frac{1}{2}r^2\frac{d\theta}{dt} = \frac{1}{2}h \quad (h\text{ は定数}) \quad (\because\ ②')$$

が導かれます。これは、観測事実である「ケプラーの第二法則」と一致する結果であり、このことから中心力という仮説がより説得力を持つようになります。

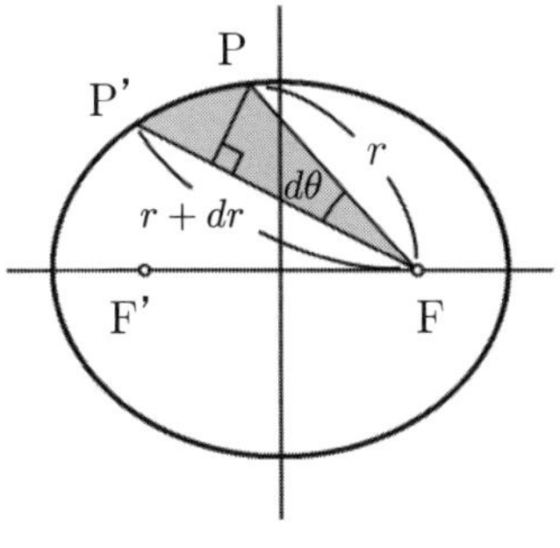


図7.5 面積速度の定義

### i 正弦関数のマクローリン展開（4.9節と同じ）

$$\sin x = \frac{x}{1!} - \frac{x^3}{3!} + \frac{x^5}{5!} - \frac{x^7}{7!} + \dots + (-1)^n \frac{x^{2n+1}}{(2n+1)!} + \dots \quad (-\infty < x < \infty)$$

## 7.6 極座標系における楕円の方程式

次に「ケプラーの第一法則」、楕円軌道を極座標で表して計算に利用します。

長半径（最も長い部分の半径）を $a$ 、短半径（最も短い部分の半径）を $b$ 、中心から焦点までの距離を $c$ 、二つの焦点 F と F' から楕円上の任意の点 P までの距離を $r$ と $r'$ で表し、長軸と直線 FP がなす角度を $\theta$ とすれば、楕円の定義と三平方の定理から、次の式が成り立ちます。（図7.6）

$$r + r' = 2a \qquad \cdots ③$$

$$c^2 = a^2 - b^2 \qquad \cdots ④$$

ここで、三角形 PFF' について余弦定理を書けば、

$$r'^{\,2} = r^2 + (2c)^2 - 2r \cdot 2c \cdot \cos(\pi - \theta)$$

となり、ここに③式と④式を代入すれば、

$$(2a - r)^2 = r^2 + 4(a^2 - b^2) + 4rc\cos\theta$$

となります。これを整理すると、次のような $r$ と $\theta$ の関係式が得られます。

$$r = \frac{b^2}{a + c\cos\theta} \qquad \cdots ⑤$$

これが、焦点 F を原点とする極座標系における楕円の方程式です。

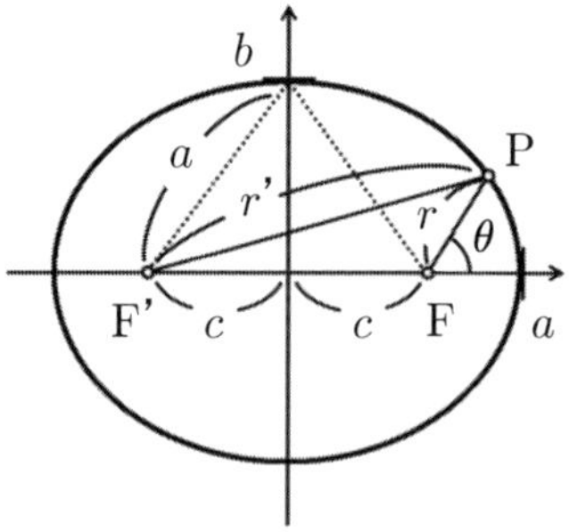


図7.6 楕円

**i 楕円 (ellipse)**

二つの定点（焦点）からの距離の和が一定になるような点の軌跡を楕円という。
英語の ellipse は、「不十分」や「欠けている」という意味のギリシア語を語源に持つ。

## 7.7 楕円の場合の $r$ の時間微分

⑤式は $r$ と $\theta$ に関する式ですが、工夫すると $r$ の時間微分が計算できます。まずは⑤式を、$\cos\theta$ が分子にくるように変形します。

$$\frac{b^2}{r} = a + c\cos\theta \qquad \cdots ⑤'$$

$r$ と $\theta$ は、それぞれが時間の関数なので、両辺を時間 $t$ で微分すると、

$$-b^2\frac{1}{r^2}\frac{dr}{dt} = -c\sin\theta\frac{d\theta}{dt}$$

となります。ここで、②'式で求めた $\theta$ の時間微分を代入して整理すると、

$$\frac{dr}{dt} = \frac{hc}{b^2}\sin\theta$$

となり、$r$ の一階導関数が得られます。

これをさらに時間微分すると、次の式が得られます。

$$\frac{d^2r}{dt^2} = \frac{h}{b^2}c\cos\theta\frac{d\theta}{dt}$$

ここで、$c\cos\theta$ は⑤'式から、$\theta$ の一階導関数は②'式から得られるので、

$$\frac{d^2r}{dt^2} = \frac{h}{b^2}\left(\frac{b^2}{r} - a\right)\frac{h}{r^2}$$

と書き直せます。これを整理すると、

$$\frac{d^2r}{dt^2} = \frac{h^2}{r^3} - \frac{ah^2}{b^2r^2} \qquad \cdots ⑥$$

となります。こうして、「楕円の方程式(⑤式)」と「中心力(②'式)」に対する $r$ の二階導関数が手に入りました。

**i 余弦定理**

三角形ABCの三辺の長さを $a$、$b$、$c$ とし、長さ $a$ の辺に向き合う頂点の角度を $\theta$ とすると、$a^2 = b^2 + c^2 - 2bc\cos\theta$ という式が成り立つ。

物理の世界 運動の法則 運動方程式 一階微分 二階微分 ベクトル 極座標 万有引力 見かけの力 索引

## 7.8 運動方程式から距離の逆二乗則の引力を導く

$\theta$ の一階導関数と $r$ の二階導関数が得られたことにより、$F(r)$ を計算する準備が整いました。

$F(r)$ の式をもう一度書くと、

$$F(r) = m\left\{\frac{d^2r}{dt^2} - r\left(\frac{d\theta}{dt}\right)^2\right\}$$

であり、そこに②'式と⑥式

$$\frac{d\theta}{dt} = \frac{h}{r^2} \qquad \cdots ②'$$

$$\frac{d^2r}{dt^2} = \frac{h^2}{r^3} - \frac{ah^2}{b^2r^2} \qquad \cdots ⑥$$

を代入すると、次の式が得られます。

$$F(r) = m\left\{\left(\frac{h^2}{r^3} - \frac{ah^2}{b^2r^2}\right) - r\left(\frac{h}{r^2}\right)^2\right\}$$

$$= -\frac{ah^2}{b^2}\frac{m}{r^2} \qquad \cdots ⑧$$

この式から、$F(r)$ が質量 $m$ に比例し、$r$ の二乗に反比例する力であることが分かります！ そしてさらによく見ると、その符号がマイナスであることから、この力が「引力」であることも分かります！

ところが、これだけではまだ「万有引力」とは言えません。

惑星によって楕円の形や面積速度は異なっている、すなわち、$a$ や $b$ や $h$ の値が異なっているからです。「万物に成り立つ」と言う為には、その係数まで同じでなければなりません。

そこで、最後に使用するのが「ケプラーの第三法則」です。

**i エドモンド・ハレー（1656 - 1742）**

イギリスの天文学・数学・物理学者。ハレー彗星の軌道計算を行ったことで有名。
彼が逆二乗則の力の運動について質問した時、ニュートンは「楕円になる」と即答したという。

## 7.9 ケプラーの第三法則から万有引力の法則を導く

「ケプラーの第三法則」は、全ての惑星を結び付ける法則であり、

$$\frac{T^2}{a^3} = A \qquad \cdots ⑨$$

という式を書いたときの定数 $A$ は、全ての惑星で同じ値です。

一方、周期 $T$ は、楕円の面積 $\pi ab$ を7.5節の面積速度で割った値なので、

$$T = \frac{\pi ab}{\frac{h}{2}} = \frac{2\pi ab}{h}$$

となります。これを⑨式に代入すれば、

$$A = \frac{4\pi^2 a^2 b^2}{h^2}\frac{1}{a^3} = \frac{4\pi^2}{h^2}\frac{b^2}{a}$$

となり、さらに次のように変形すれば、⑧式の右辺の係数が得られます。

$$\frac{ah^2}{b^2} = \frac{4\pi^2}{A}$$

ここで、$\pi$ も $A$ も定数です。つまり、⑧式の右辺の係数が全惑星において等しいことが示されたのです！ 後にこれは万有引力定数と太陽質量の積で表されますが、こうして導かれた以下の式こそが、「万有引力」の正体です。

$$F(r) = -\frac{4\pi^2}{A}\frac{m}{r^2} = -G\frac{Mm}{r^2}$$

地上と天界をつないだだけでなく、遥か彼方の惑星までもが一つの法則に従っている、それは人類の宇宙観をひっくり返す大発見でした。

どんなに遠く離れていても、同じ世界に存在しているならば、そこへ行くことだって可能なはずです。そう、このとき初めて人類は悟ったのです。

「我々は、宇宙にだって行ける」と。

i **「プリンキピア（自然哲学の数学的原理）」（1687）**

正式名称は「PHILOSOPHIÆ NATURALIS PRINCIPIA MATHEMATICA」。
近代科学の基礎を築いたニュートンの名著。ハレーの強い後押しを受けて出版された。

## 基本問題 7.1（楕円の式）

半直弦 $l = \dfrac{b^2}{a}$ と離心率 $\epsilon = \dfrac{c}{a} = \dfrac{\sqrt{a^2 - b^2}}{a}$ を用いて、楕円の式 $r = \dfrac{b^2}{a + c\cos\theta}$ を書き直せ。

… 解答 …………………………………………

$$r = \frac{l}{1 + \epsilon\cos\theta}$$

ちなみに、これは円錐曲線の一般的な式であり、$\epsilon = 0$ のときは真円、$0 < \epsilon < 1$ のときは楕円、$\epsilon = 1$ のときは放物線、$1 < \epsilon$ のときは双曲線を表す。

## 基本問題 7.2（ケプラーの第三法則）

下の表は、太陽系の惑星の公転周期 $T$ と軌道長半径 $a$ をまとめたものである。
$a$ と $T$ の関係を両対数グラフにせよ。

| 惑星 | 軌道長半径 $a$（天文単位） | 公転周期 $T$（ユリウス年） |
|---|---|---|
| 水星 | 0.3871 | 0.24085 |
| 金星 | 0.7233 | 0.61520 |
| 地球 | 1.0000 | 1.00002 |
| 火星 | 1.5237 | 1.88085 |
| 木星 | 5.2026 | 11.8620 |
| 土星 | 9.5549 | 29.4572 |
| 天王星 | 19.2184 | 84.0205 |
| 海王星 | 30.1104 | 164.7701 |

「理科年表 平成29年」より引用

… 解答 …………………………………………

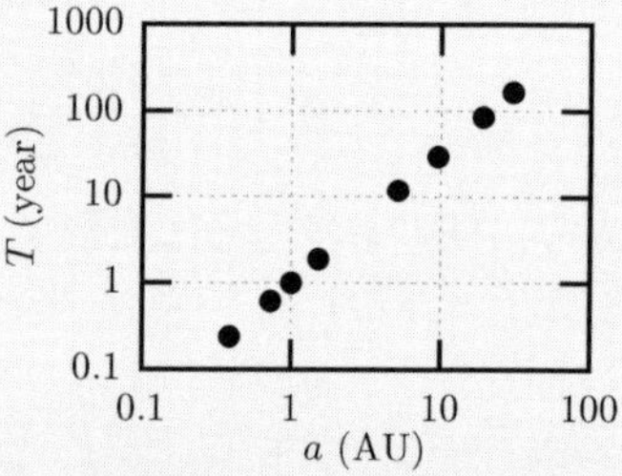


【両対数グラフの見方】
$T = \mathrm{C}a^n$ が成り立つ場合、対数をとると、
$\log T = n\log a + \log \mathrm{C}$ となる。つまり、
両対数グラフの傾き $n$ は $a$ の指数を表す。
上の両対数グラフは傾きが3/2 なので、
$T^2 = \mathrm{C}a^3$ が成り立つことを示している。

## 基本問題 7.3（人工衛星の高度）

1.5 時間で地球を一周するISSの高度が 250 km であると仮定して、12 時間で地球を一周するGPS衛星の高度を求めよ。ただし、地球の半径は6400 kmとし、空気抵抗は無視せよ。

… 解答 …………………………………………

（人工衛星の高度）=（人工衛星の軌道半径）−（地球の半径） であることに注意して解く。
ケプラーの第三法則より、$T^2 \propto r^3$ なので、人工衛星の周期 $T$ が $12/1.5 = 8$ 倍になる場合、軌道半径 $r$ の三乗は $8^2 = 64$ 倍となる。つまり、$r$ は $\sqrt[3]{64} = 4$ 倍である。
よって、GPS衛星の高度は、$(6400 + 250) \times 4 - 6400 = 20200\,\mathrm{km}$ となる。

演習 7.1（地球の大きさの求め方）

地球の自転軸は、太陽の周りを回る公転面の法線に対して 23.4 度傾いている。

(1) 北半球にある都市 A で夏至の日の南中高度が 90 度となる場合、都市 A の緯度を求めよ。

(2) 都市 A から真北へ 770 km 離れた都市 B では、同じ日の南中高度が 83 度であった。
地球が完全な球であると仮定して、地球の外周を求めよ。また、都市 B の緯度を求めよ。

演習 7.2（地球の質量の求め方）

1798年、キャベンディッシュはねじり天秤を用いて二つの鉛の球の間に働く引力を測定し万有引力定数が $G = 6.67 \times 10^{-11}\,\mathrm{m^3\,kg^{-1}\,s^{-2}}$ であることを突き止めた。地球の半径を 6400 km、地上の重力加速度を 9.8 m s$^{-2}$ として、万有引力の式から地球の質量を求めよ。

演習 7.3（静止衛星の高度計算）

静止衛星とは、地球の自転と同じ角速度で回ることで地上から静止しているように見える衛星のことである。静止衛星の角速度を求めよ。また、この角速度で等速円運動する際の向心力と地球の万有引力を比較することで、静止衛星の地球の中心からの距離を求めよ。

… 解答 ……………………………………………………………………………………………

演習 7.1 (1) 下図の網掛け部分の角度は全て 23.4 度なので都市 A の北緯も 23.4 度である。

(2) 右下図の破線の角度が $90 - 83 = 7$ 度であり、7 度分の円弧の長さが 770 km なので、地球の外周全体の長さは、$770 \times (360/7) = 39600\,\mathrm{km}$ となる。
また 、都市 B の北緯は $23.4 + 7 = 30.4$ 度である。

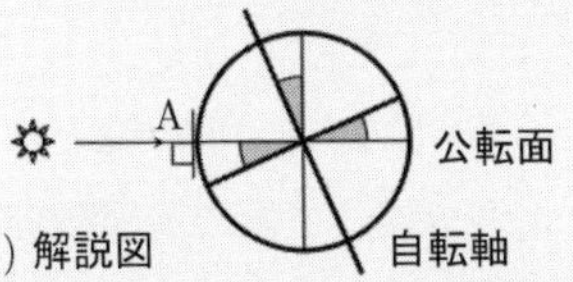


(1) 解説図

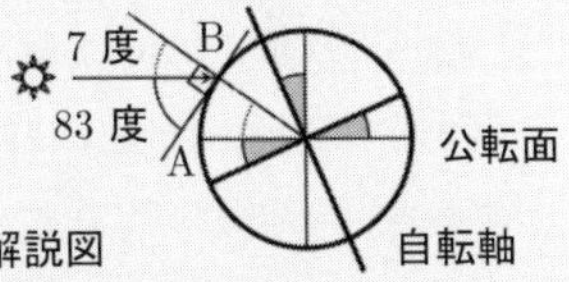


(2) 解説図

演習 7.2 地上の重力の要因として、万有引力の式のみを考えるならば、$GMm/r^2 = mg$ が成り立つことから、$M = gr^2/G$ となる。
ここに $G = 6.67 \times 10^{-11}\,\mathrm{m^3\,kg^{-1}\,s^{-2}}$, $r = 6400\,\mathrm{km}$, $g = 9.8\,\mathrm{m\,s^{-2}}$ を代入すれば、
$M = 9.8 \times (6400 \times 10^3)^2 \div (6.67 \times 10^{-11}) = 6.0 \times 10^{24}\,\mathrm{kg}$ が得られる。

演習 7.3 地球は 24 時間で 1 回転しているので、地球の自転の角速度は
$\omega = 2\pi/(24 \times 3600) = 7.3 \times 10^{-5}\,\mathrm{rad/s}$ となる。
よって、静止衛星もこの角速度で地球の周りを公転すればよい。
静止衛星の地球の中心からの距離を $r$ 、質量を $m$ とすると、$mr\omega^2 = GMm/r^2$ となり、上記の $\omega$ と演習7.2 の $G$、$M$ を代入すれば、$r^3 = GM/\omega^2 = 76 \times 10^{21}$ より、$r = 4.2 \times 10^7\,\mathrm{m} = 42000\,\mathrm{km}$ が得られる。

# 第8章

# 回転するデカルト座標系と見かけの力

8章では、回転するデカルト座標系から物体の運動を見た時に現れる「見かけの力」について解説します。

回転するデカルト座標系では、基本ベクトルの向きが時間とともに変化する為、時間微分は $0$ にはなりません。その為、位置の時間微分である速度や加速度にも基本ベクトルの導関数の項が残ります。これらの式を回転するデカルト座標系における運動方程式に代入すると、もともとの「力」だけでなく、新しい項が現れます。

これらの項のことを、「遠心力」や「コリオリの力」と呼びます。

**i　ジャン・ベルナール・レオン・フーコー (1819 - 1868)**

フランスの物理学者。回転鏡を用いて光の速さを測定し、水中の光速が空気中の光速よりも遅いことを明らかにした。フーコーの振り子の開発や、渦電流の発見でも有名。

## 8.0 宇宙ステーションと無重力

万有引力の発見から二百数十年、人類はついに宇宙へと進出します。
ロケット、衛星、有人飛行、月面着陸、惑星探査…
そしていまこの瞬間も、国際宇宙ステーション(ISS)では様々な無重力実験が行われています。

… ん? 無重力?
万有引力は遥か彼方まで届く力だったはず。宇宙とはいえ、地球の重力が無いはずはありません。実際はどれくらいあるのでしょう?

7.8節で計算したように、万有引力の大きさは距離の二乗に反比例します。地球の半径は約 6400 km、ISS の高度は約 400 kmなので、地球の中心からの距離を考えると、地表とISS における万有引力の比は次のようになります。

$$\frac{1}{6400^2} : \frac{1}{6800^2} = 4624 : 4096 = 1 : 0.89$$

なんと地表の89% !? 全然、「無重力」じゃありません!

図8.1 ゼロ(?)グラビティで宇宙遊泳

**i 国際宇宙ステーション(ISS) (JAXAホームページより引用)**

地表から約400 km上空に建設されたサッカー場ほどの大きさをもつ有人実験施設。
1 周約90 分という速さで地球の周りを回っている。1998年建設開始、2011年7月完成。

そもそもISSは、宇宙のどのあたりを飛んでいるのでしょう？

地球の直径は約12800 km。これを直径12.8 cmのリンゴに喩えるならば、ISSの高度400 kmは0.4 cmになります。これはリンゴの表面をなでたときの指先程度の高さです。（宇宙、近っ!?　Σ(゜ロ゜;)）

はて？　こんなに近いのに、なぜISSは落ちてこないのでしょう？

それは地球の丸みに沿ってISSが動き続けて（落ち続けて）いるからです。

たとえば、図8.2のように、高い山の上から水平に物体を発射したとします。物体は地球の引力に引き寄せられるので、進行方向は地球の中心へ中心へと曲げられます。このとき、物体の速度が遅ければ、すぐに地面にぶつかって止まってしまいますが、速度が十分に速ければ、地球の周りを一周して戻ってきます。つまり、地球の引力を向心力とした「円運動」をするわけです。

ためしに、半径6800 km（ISSから地球の中心までの距離）の等速円運動の向心力（5.10節）と、地表の89%の引力とを比較してみましょう。すると、

$$m \times (6800 \times 10^3) \times \omega^2 = m \times (9.8 \times 0.89)$$

より、角速度 $\omega = 1.1 \times 10^{-3}\,\mathrm{rad/s}$、周期 $T = 2\pi/\omega = 5.5 \times 10^3\,\mathrm{s} = 1.5\,\mathrm{h}$ が得られます。つまり、90分で一周すれば等速円運動できるというわけです。

図8.2 万有引力を利用した円運動

**i　空と宇宙の境界（JAXAホームページより引用）**

国際航空連盟では高度100 kmから上を、米国空軍では80 kmから上を宇宙と定義している。また、NASAでは帰還する宇宙船の加熱が始まる高度120 kmから下を大気圏再突入と呼ぶ。

この計算は他の人工衛星にも使えます。

たとえば、高度20200 km のGPS 衛星の場合、引力は地表の5.8%となり、

$$m \times (6400 + 20200) \times 10^3 \times \omega^2 = m \times (9.8 \times 0.058)$$

より、角速度 $\omega = 1.5 \times 10^{-4}\,\mathrm{rad/s}$ 、周期 $T = 2\pi/\omega = 4.3 \times 10^4\,\mathrm{s} = 12\,\mathrm{h}$ が得られます。

一方、高度36000 km の静止衛星の場合、引力は地表の2.3%となり、

$$m \times (6400 + 36000) \times 10^3 \times \omega^2 = m \times (9.8 \times 0.023)$$

より、角速度 $\omega = 7.3 \times 10^{-5}\,\mathrm{rad/s}$ 、周期 $T = 2\pi/\omega = 8.6 \times 10^4\,\mathrm{s} = 24\,\mathrm{h}$ が得られます。(24 時間、つまり、地球の自転と同じ角速度で回っているので、地表からはまるで「静止」しているように見えるというわけです。)

さて、十分な速度で回っていれば、ISS は落ちてこないことが分かりました。しかし、この高度では物体が地表の89%の引力を受けているのも事実です。

ではなぜ、宇宙飛行士はふわっと浮かんで無重力実験ができるのでしょう?

… その答えは、「遠心力」にあります。

『それなら知ってる。バケツを回しても水がこぼれない、あの力のことだね。』

と言って分かった気になりそうですが、ちょっと待った！

そもそもバケツの水がこぼれない仕組みは説明できるでしょうか？

それが分からなければ、無重力の仕組みを理解したことにはなりません。

これらの仕組みを解き明かす為、力学ではまず、バケツの中を座標で表し、それをバケツごと回転させます。

次に、位置や速度や加速度を、この回転する座標系を使って表します。

そして、そこで得られた加速度を使って、運動方程式を書き直します。

こうして得られた「力」の式を、視点を変えて眺めてやれば、「遠心力」の正体が見えてきます。

**i 名言・格言 (by アインシュタイン)**

「情報は知識にあらず。知識とは経験からのみ得られるものである。」

## 8.1 回転するデカルト座標系

まずはバケツの中の水になったつもりで世界を見てみましょう。
… と言っても、水に目はないので、代わりにカエルを放り込みます。
カエルから見た世界とは、どのようなものでしょうか？
それは、窓のない巨大な壁で囲まれた世界です。外の景色が見えない為、バケツが動いているのか止まっているのかも分かりません。

そこでまず、バケツの壁にデカルト座標を描いて空間を表します。たとえば、回転するバケツの中を $XYZ$ 座標で、バケツの外を $xyz$ 座標で表します。
そして、$xy$ 平面と $XY$ 平面が重なるように軸を揃えておいてから、バケツの外の世界の $z$ 軸を中心にして、$XYZ$ 座標ごとバケツを回します。（図8.3）
このとき、$z$ 軸から $XY$ 座標の原点までの距離を $R$ とすると、任意の場所の位置ベクトル $\boldsymbol{r}(t)$ は座標 $(X(t), Y(t))$ を使って次のように書けます。（図8.4）

$$\boldsymbol{r}(t) = R\boldsymbol{e}_X(t) + X(t)\boldsymbol{e}_X(t) + Y(t)\boldsymbol{e}_Y(t) \quad \cdots \text{①}$$

ここで $R + X(t) = A(t)$ 、$Y(t) = B(t)$ とおけば、次のように書き直せます。

$$\boldsymbol{r}(t) = A(t)\boldsymbol{e}_X(t) + B(t)\boldsymbol{e}_Y(t) \quad \cdots \text{②}$$

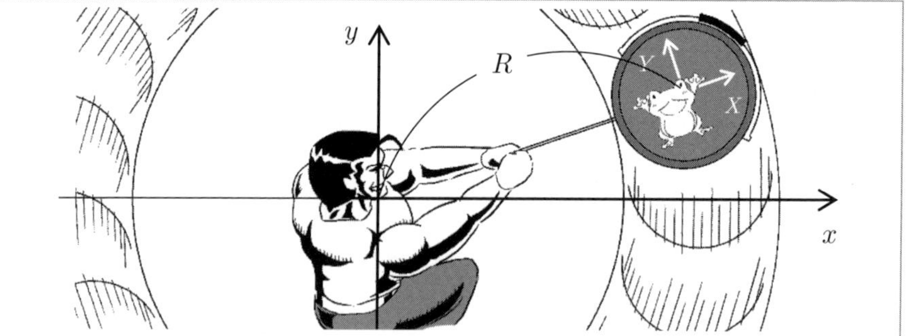


図8.3 カエルを入れてバケツを回す

**i 回転座標系 (rotating coordinate system)**

慣性系に対して、座標軸がある軸の周りに回転している座標系。
上の例だと、バケツの中の $XYZ$ 座標で表現される世界を指す。

位置を時間で微分すれば速度が得られ、速度を時間で微分すれば加速度が得られます。それはどのような基本ベクトルを使っていても変わらないので、②式の位置ベクトル $\boldsymbol{r}(t)$ から速度と加速度が計算できます。

ただし、ここで気をつけないといけないのが、$\boldsymbol{e}_X(t)$ と $\boldsymbol{e}_Y(t)$ の微分です。

$XYZ$ 座標が回転しているということは基本ベクトル $\boldsymbol{e}_X(t)$ と $\boldsymbol{e}_Y(t)$ の向きも時間とともに変化するということ。つまり、$t$ で微分してもゼロになりません。

（6.3節の極座標の基本ベクトルと同じです。）

その結果、速度ベクトルと加速度ベクトルは次のようになります。

$$\boldsymbol{v}(t) = \frac{d\boldsymbol{r}(t)}{dt} = \frac{dA(t)}{dt}\boldsymbol{e}_X(t) + A(t)\frac{d\boldsymbol{e}_X(t)}{dt} + \frac{dB(t)}{dt}\boldsymbol{e}_Y(t) + B(t)\frac{d\boldsymbol{e}_Y(t)}{dt}$$

$$\boldsymbol{a}(t) = \frac{d^2\boldsymbol{r}(t)}{dt^2} = \frac{d^2A(t)}{dt^2}\boldsymbol{e}_X(t) + 2\frac{dA(t)}{dt}\frac{d\boldsymbol{e}_X(t)}{dt} + A(t)\frac{d^2\boldsymbol{e}_X(t)}{dt^2} + \frac{d^2B(t)}{dt^2}\boldsymbol{e}_Y(t) + 2\frac{dB(t)}{dt}\frac{d\boldsymbol{e}_Y(t)}{dt} + B(t)\frac{d^2\boldsymbol{e}_Y(t)}{dt^2}$$

バケツが一定の角速度で回転している場合、この式はさらに変形できます。

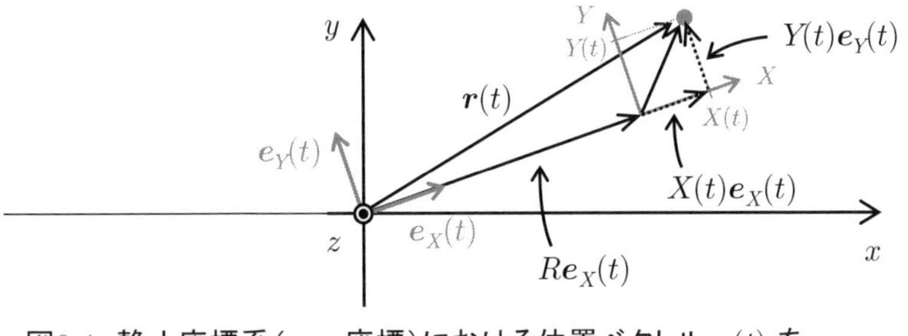


図8.4 静止座標系（$xyz$ 座標）における位置ベクトル $\boldsymbol{r}(t)$ を回転座標系（$XYZ$ 座標）の座標（$X(t)$, $Y(t)$）を使って表す

### i 静止座標系（coordinate system at rest）

慣性系に対して、座標軸が静止している（直進も回転もしていない）座標系。
上の例だと、外の世界の $xyz$ 座標で表現される世界を指す。

## 8.2 一定の角速度で回転する基本ベクトル

ここで、図8.5 のように $\boldsymbol{e}_x$ と $\boldsymbol{e}_y$ と $\boldsymbol{e}_X$と $\boldsymbol{e}_Y$ の始点を一箇所に集めます。（位置ベクトルと違い、基本ベクトルは向きと大きさだけの一般的なベクトルなので、始点は自由にずらすことができます。）

$XY$ 座標が一定の角速度 $\omega$（定数）で回転している場合、基本ベクトルは、

$$\begin{cases} \boldsymbol{e}_X(t) = \cos\omega t\,\boldsymbol{e}_x + \sin\omega t\,\boldsymbol{e}_y \\ \boldsymbol{e}_Y(t) = -\sin\omega t\,\boldsymbol{e}_x + \cos\omega t\,\boldsymbol{e}_y \end{cases}$$

と表せます。この式から、一階導関数と二階導関数は次のようになります。

$$\begin{cases} \dfrac{d\boldsymbol{e}_X(t)}{dt} = -\omega\sin\omega t\,\boldsymbol{e}_x + \omega\cos\omega t\,\boldsymbol{e}_y = \omega\,\boldsymbol{e}_Y(t) \\[2ex] \dfrac{d\boldsymbol{e}_Y(t)}{dt} = -\omega\cos\omega t\,\boldsymbol{e}_x - \omega\sin\omega t\,\boldsymbol{e}_y = -\omega\,\boldsymbol{e}_X(t) \end{cases}$$

$$\begin{cases} \dfrac{d^2\boldsymbol{e}_X(t)}{dt^2} = \dfrac{d}{dt}(\omega\,\boldsymbol{e}_Y(t)) = -\omega^2\boldsymbol{e}_X(t) \\[2ex] \dfrac{d^2\boldsymbol{e}_Y(t)}{dt^2} = \dfrac{d}{dt}(-\omega\,\boldsymbol{e}_X(t)) = -\omega^2\boldsymbol{e}_Y(t) \end{cases}$$

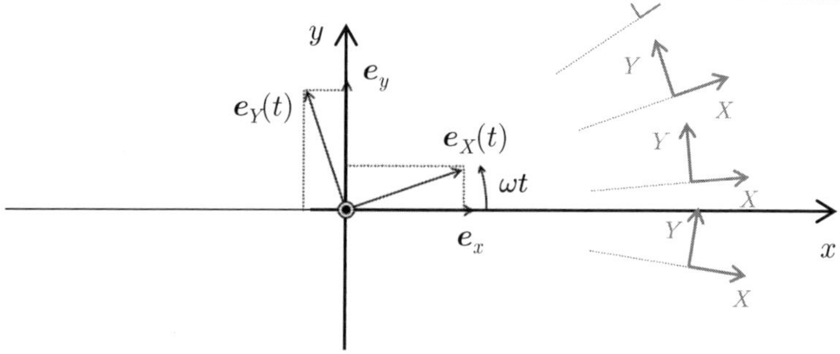


図8.5 一定の角速度 $\omega$ で回転する基本ベクトル

**i 紙面に垂直な方向を表す記号**

⊙ は、紙面に垂直な手前向きのベクトルを表す。飛んでくる矢の先端を見た姿と言われる。
⊗ は、紙面に垂直な奥向きのベクトルを表す。飛んでいく矢の羽を見た姿と言われる。

## 8.3 一定の角速度で回転する基本ベクトルで運動方程式を表す

8.1節で計算した「回転系における速度ベクトルと加速度ベクトル」に、8.2節で計算した「一定の角速度で回転する基本ベクトルの導関数」を代入すると次の式が得られます。(以下、$t$ の関数であることを表す $(t)$ は省略します。)

$$\begin{aligned}\boldsymbol{v} &= \frac{dA}{dt}\boldsymbol{e}_X + A(\omega\,\boldsymbol{e}_Y) + \frac{dB}{dt}\boldsymbol{e}_Y + B(-\omega\,\boldsymbol{e}_X) \\ &= \left(\frac{dA}{dt} - \omega B\right)\boldsymbol{e}_X + \left(\frac{dB}{dt} + \omega A\right)\boldsymbol{e}_Y\end{aligned}$$

$$\begin{aligned}\boldsymbol{a} &= \frac{d^2A}{dt^2}\boldsymbol{e}_X + 2\frac{dA}{dt}(\omega\,\boldsymbol{e}_Y) + A(-\omega^2\,\boldsymbol{e}_X) \\ &\quad + \frac{d^2B}{dt^2}\boldsymbol{e}_Y + 2\frac{dB}{dt}(-\omega\,\boldsymbol{e}_X) + B(-\omega^2\,\boldsymbol{e}_Y) \\ &= \left(\frac{d^2A}{dt^2} - 2\omega\frac{dB}{dt} - \omega^2 A\right)\boldsymbol{e}_X \\ &\quad + \left(\frac{d^2B}{dt^2} + 2\omega\frac{dA}{dt} - \omega^2 B\right)\boldsymbol{e}_Y\end{aligned}$$

そしてこれを $m\boldsymbol{a} = \boldsymbol{F}$ に代入すれば、以下の運動方程式が得られます。

**【一定の角速度で回転する基本ベクトルを使って記述した運動方程式】**

$$m\left(\frac{d^2A}{dt^2} - 2\omega\frac{dB}{dt} - \omega^2 A\right)\boldsymbol{e}_X + m\left(\frac{d^2B}{dt^2} + 2\omega\frac{dA}{dt} - \omega^2 B\right)\boldsymbol{e}_Y = \boldsymbol{F}$$

ここで誤解しないでほしいのですが、この式はまだ、バケツの外の世界の「通常の運動方程式」を、「回転する $XYZ$ 座標とその基本ベクトル」を使って書き直したに過ぎません。カエルの気持ちになってバケツの中の運動方程式を立てるのは、これからです。

**i 名言・格言 (by ダ・ヴィンチ)**

「どこか遠くへ行きなさい。仕事が小さく見えてきて、全体がよく眺められるようになります。不調和や不釣合いがもっとよく見えてきます。」

## 8.4 回転座標系から見た運動と力

ここからは、バケツの中のカエルの気持ちになって運動を見ていきます。

カエルはそもそも、自分と世界が回転していることを知りません。ですから、$XY$ 座標が止まっているものとして、7章までの常識に従い、

$$\boldsymbol{r}_{\text{カエル}} = X\boldsymbol{e}_X + Y\boldsymbol{e}_Y$$

$$\boldsymbol{v}_{\text{カエル}} = \frac{dX}{dt}\boldsymbol{e}_X + \frac{dY}{dt}\boldsymbol{e}_Y$$

$$\boldsymbol{a}_{\text{カエル}} = \frac{d^2X}{dt^2}\boldsymbol{e}_X + \frac{d^2Y}{dt^2}\boldsymbol{e}_Y$$

が成り立つはずだと考えます。

(「カエルにとっての」という意味で、添え字に「カエル」とつけました。)

さらに2章では、「運動方程式は $m\boldsymbol{a} = \boldsymbol{F}$ である」 とも学びました。

そこでカエルは自分にとっての加速度 $\boldsymbol{a}_{\text{カエル}}$ に質量をかけたもの、つまり、

$$m\boldsymbol{a}_{\text{カエル}} = m\frac{d^2X}{dt^2}\boldsymbol{e}_X + m\frac{d^2Y}{dt^2}\boldsymbol{e}_Y \qquad \cdots ③$$

が「力」だと思い込みます。以後、これを $\boldsymbol{F}_{\text{カエル}}$ と呼ぶことにします。

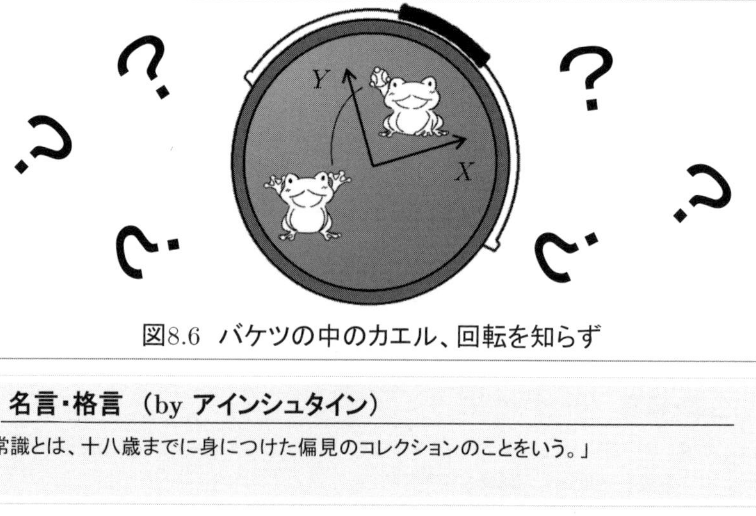


図8.6 バケツの中のカエル、回転を知らず

**i 名言・格言 (by アインシュタイン)**

「常識とは、十八歳までに身につけた偏見のコレクションのことをいう。」

ところが、実際の運動を観察すると、おかしなことが起こります。

実際の運動が従う運動方程式は、8.3節で計算した、

$$m\left(\frac{d^2A}{dt^2}-2\omega\frac{dB}{dt}-\omega^2 A\right)\boldsymbol{e}_X+m\left(\frac{d^2B}{dt^2}+2\omega\frac{dA}{dt}-\omega^2 B\right)\boldsymbol{e}_Y=\boldsymbol{F}$$

です。ここで、$A(t)=R+X(t)$、$B(t)=Y(t)$ とおいたことを思い出せば、

$$\frac{dA}{dt}=\frac{dX}{dt}、\frac{dB}{dt}=\frac{dY}{dt}、\frac{d^2A}{dt^2}=\frac{d^2X}{dt^2}、\frac{d^2B}{dt^2}=\frac{d^2Y}{dt^2}$$

となり、これらを上の式に代入することで、

$$m\left(\frac{d^2X}{dt^2}-2\omega\frac{dY}{dt}-\omega^2 A\right)\boldsymbol{e}_X+m\left(\frac{d^2Y}{dt^2}+2\omega\frac{dX}{dt}-\omega^2 B\right)\boldsymbol{e}_Y=\boldsymbol{F}$$

が得られます。よく見ると、ここには③式の右辺と同じ式が含まれています。そこで、その部分だけ $\boldsymbol{F}_{\text{カエル}}$ と書き直せば、

$$\boldsymbol{F}_{\text{カエル}}+\left(-2m\omega\frac{dY}{dt}-m\omega^2 A\right)\boldsymbol{e}_X+\left(2m\omega\frac{dX}{dt}-m\omega^2 B\right)\boldsymbol{e}_Y=\boldsymbol{F}$$

となり、さらに $\boldsymbol{F}_{\text{カエル}}$ 以外を右辺へ移せば、

$$\boldsymbol{F}_{\text{カエル}}=\boldsymbol{F}+2m\omega\left(\frac{dY}{dt}\boldsymbol{e}_X-\frac{dX}{dt}\boldsymbol{e}_Y\right)+m\omega^2\left(A\boldsymbol{e}_X+B\boldsymbol{e}_Y\right)$$

となります。これが、カエルにとっての力 $\boldsymbol{F}_{\text{カエル}}$ です。

… おや？ 本物の力 $\boldsymbol{F}$ の後ろに余計な項がついています。

ここまで計算してきた私たちは、これらが回転する基本ベクトルの導関数であったことを知っています。しかし、バケツの中の世界しか知らないカエルにとっては、余計な項も「力」の一種にしか見えません。

そこでこれらの項につけられた名前が、「見かけの力(fictitious force)」。本物ではない、フィクションの力というわけです。

**i 名言・格言 (by ガリレオ)**

「感覚が役に立たないとき、理性が役に立ち始めるのだ。」

序章 1章 2章 3章 4章 5章 6章 7章 8章 索引

## 8.5 遠心力 (centrifugal force)

$$\boldsymbol{F}_{\text{カエル}} = \boldsymbol{F} + 2m\omega\left(\frac{dY}{dt}\boldsymbol{e}_X - \frac{dX}{dt}\boldsymbol{e}_Y\right) + m\omega^2\left(A\boldsymbol{e}_X + B\boldsymbol{e}_Y\right)$$

という式のうち、見かけの力の部分をよく見ると、$A$ や $B$ を係数に含む項と $X$ や $Y$ の導関数を係数に含む項の、二種類があることが分かります。

前者は、②式で作った位置ベクトル $\boldsymbol{r}(t) = A\boldsymbol{e}_X + B\boldsymbol{e}_Y$ を使って、

$$m\omega^2(A\boldsymbol{e}_X + B\boldsymbol{e}_Y) = m\omega^2\boldsymbol{r}(t)$$

と書き直せます。ここで、$m$ も $\omega^2$ も正の値なので、この「見かけの力」は、$xy$ 座標の原点から見た位置ベクトルと同じ向き、すなわち、回転の中心から放射状に外へ向かう向きに働くことがわかります。(図8.7)

また、その大きさは $m\omega^2 r$ なので、回転の中心から遠くへ行けば行くほど、そして、バケツの回転が速くなればなるほど、大きくなることも分かります。

「回転の中心」から「遠いほど」大きくなる「みかけの力」。

それぞれから一文字ずつとると、「遠」「心」「力」となります。

そう！「見かけの力」のうち、$A$ や $B$ を係数に含む部分だけを取り出したこの項こそが「遠心力」の正体だったのです。

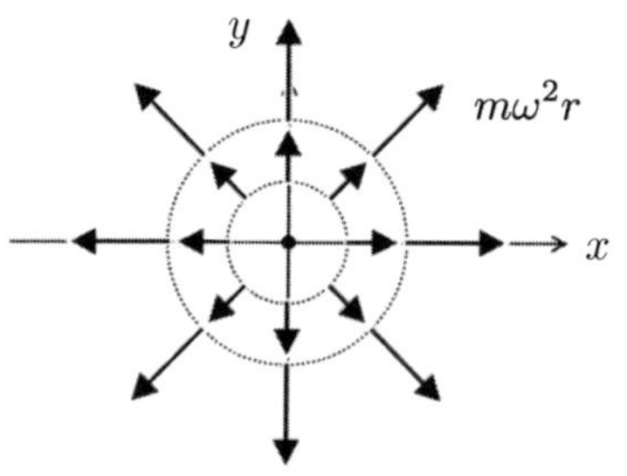


図8.7 回転の中心($xy$ 座標の原点)から遠いほど大きくなる遠心力

i **志筑忠雄 (1760 - 1806)**

江戸時代の長崎通詞。蘭学を学び、西洋の科学を理解した上で、「暦象新書」を抄訳した。その際、「遠心力」や「重力」という日本語を創作した。

## 8.6 コリオリの力 (Coriolis force)

「見かけの力」にはもう一つ、$X$ や $Y$ の導関数を係数に含む項、

$$2m\omega\left(\frac{dY}{dt}\boldsymbol{e}_X - \frac{dX}{dt}\boldsymbol{e}_Y\right)$$

が残っていました。この項は「コリオリの力」と呼ばれます。

ここで、$XY$ 座標における速度ベクトル(カエルから見た速度 $\boldsymbol{v}_{\text{カエル}}$)が

$$\boldsymbol{v}_{\text{カエル}} = \frac{dX}{dt}\boldsymbol{e}_X + \frac{dY}{dt}\boldsymbol{e}_Y$$

だったことを思い出せば、コリオリの力と $\boldsymbol{v}_{\text{カエル}}$ は内積をとるとゼロになる、すなわち、$XY$ 座標における速度に対して直角な向きを向くと分かります。

このとき、進行方向に対して右向きか左向きかという問題が出てきますが、それは $\omega$ の符号、すなわち、バケツが回転する向きによって決まります。

$\omega > 0$、すなわち、バケツが反時計回りに回転している場合のコリオリの力と $\boldsymbol{v}_{\text{カエル}}$ の関係を図にすると図8.8 のようになります。ここから、コリオリの力は $\boldsymbol{v}_{\text{カエル}}$ に対して90度右向きに働くことが分かります。

一方、時計回りの時は $\omega < 0$ なので符号が逆、つまり、左向きとなります。

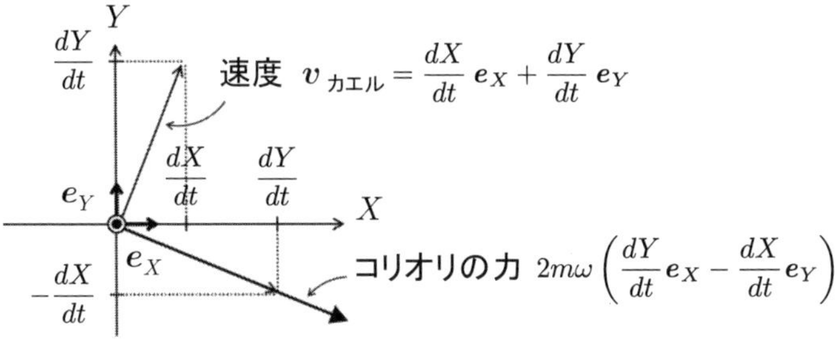


図8.8 $XY$ 座標(カエル視点)におけるコリオリの力

**i ガスパール=ギュスターヴ・コリオリ (1792 - 1843)**

フランスの数学者・機械技術者。コリオリの力で有名。摩擦や水力学の研究を行った。
物理学の「仕事」の概念を確立し、「運動エネルギー」を定式化したことでも知られる。

## 8.7 遠心力を直感的に理解する

それにしても、やっぱり不思議です。

計算上、たしかに「見かけの力」は発生しますし、日常生活でも「遠心力」を感じます。でも、そもそもこの現象はどこからやってきたのでしょう？

その答えは「慣性の法則」にあります。

図8.9 のように、反時計回りに回転しているレコード（回転床）の上に×印が描かれていて、そこにカエルがしがみついている様子を想像してみて下さい。

×印は円を描いて回転し、カエルも一緒に円運動しようとしがみつきます。

ところが、ここで問題が起きます。

円運動する物体の速度ベクトルは、円の接線方向を向きます。ということはカエルの体はまっすぐ接線方向に進もうとするはずです。「慣性の法則」です。

一方、ただの絵でしかない×印には「慣性の法則」は働きません。そのまま円軌道を描くので、カエルの体が進もうとする接線方向からずれていきます。

このずれをカエルの気持ちになって見ると、「なぜか体が外へ外へと流されそうになる。きっと遠心力に引っ張られているに違いない」となるわけです。

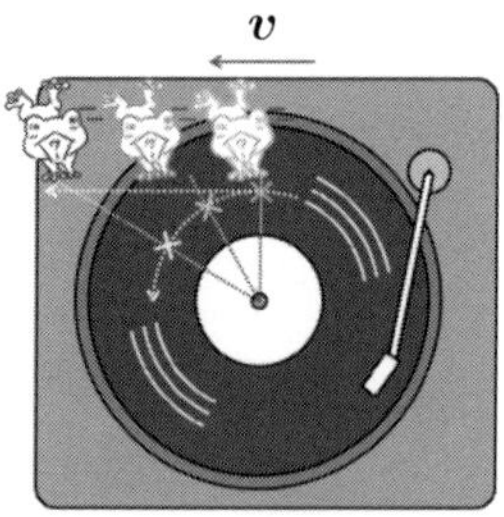


図8.9　遠心力の直感的理解
（説明の都合上、反時計回りに描いている。本物のレコードは時計回り）

### i 遠心分離機

水と油のように比重の異なる物質が混ざった液体を回転させ、遠心力によって分離する装置。たとえば、クリームと脱脂乳も、生乳を遠心分離機で分離させて作られている。

## 8.8 コリオリの力を直感的に理解する

では、コリオリの力はどう解釈すればいいのでしょう？
この問題は、遠心力が混ざると混乱するので、遠心力がゼロになる回転の中心付近に注目したいと思います。

図8.10 (a) のように、回転床の中心と外側にカエルが立っていたとします。（遠心力で飛ばされないよう、足は床にがっちり固定しておきます。）
ここで、外側のカエルが持つ標的に向かって、中心のカエルが矢を射ます。
まっすぐ飛んで見事に命中！　と思いきや、外側のカエルは床と一緒に回転している為、矢がまっすぐ飛んで行く間に、標的は横へとずれてしまいます。
この現象、矢はただ「慣性の法則」に従って直進しただけです。
しかし、図8.10 (b) のようにカエルの視点でこの矢を見れば、なんらかの力を受けて軌道が曲げられたようにしか思えません。これが「コリオリの力」です。

このように、遠心力にもコリオリの力にも、その仕組みには「慣性の法則」が関わっています。そこでこれらは別名、「慣性力」(inertial force)と呼ばれます。

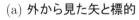

(a) 外から見た矢と標的　　(b) カエルから見た矢と標的

図8.10　コリオリの力の直感的理解

**i　コーヒーカップ（遊園地の遊具）**

遠心力とコリオリの力を体験できる、大きなコーヒーカップ型の乗り物。床に固定されたカップが床とともに回転しており、さらにカップ自身も中央のハンドルで回すことができる。

物理の世界
運動の法則
運動方程式
一階微分
二階微分
ベクトル
極座標
万有引力
見かけの力
索引

序章 1章 2章 3章 4章 5章 6章 7章 8章 索引

## 8.9 ISS の無重力と地球の重力（遠心力の例）

ここで、この章の最初の問題、無重力の話に戻りましょう。

もう気づいたかもしれませんが、無重力状態とは、物体が地球から受ける「万有引力」が、ISS の円運動で生じた「遠心力」とつりあうことで実現している状態です。（その為、厳密には「無重量状態」と呼ばれます。）

実際に計算してみましょう。高度400 kmにおける「万有引力」は地表の89%、

$$m \times (9.8 \times 0.89)$$

でした。一方、「遠心力」は質量 $m$ と半径 $r$ と角速度 $\omega$ で決まります。

$$m \times (6800 \times 10^3) \times \omega^2$$

おや？　この二つの式、132ページで ISS の $\omega$ を求めたときの右辺と左辺と同じものです。ISS の $\omega$ は、もともとこれらが等しくなるように設定されていたのだから、「万有引力」と「遠心力」がつりあうのは当然ですよね。

ちなみにこの式、万有引力を利用して円運動している乗り物ならば、どんな高度でも成り立ちます。それならもっと低く飛べば燃料代の節約になるのに、と思うかもしれませんが、空気が濃いと空気抵抗で速度が落ちてしまいます。また、デブリの多い高度も避けた結果、現在の高度が選ばれたそうです。

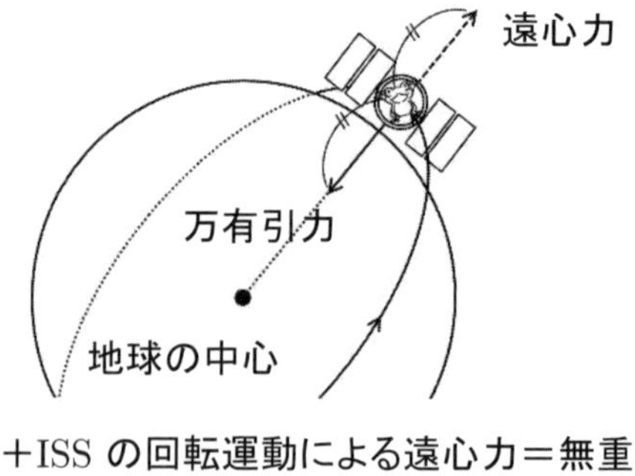


図8.11　万有引力＋ISS の回転運動による遠心力＝無重量状態

i **大気圏**（atmosphere）

重力によって引き止められている空気の層。対流が活発な高度10 〜 16 kmの層を対流圏と呼び、その上に成層圏、中間圏、熱圏、外気圏がある。外気圏は高度 500 km を超える。

ところで、この話を聞いて、もう一つ疑問を感じなかったでしょうか？

わざわざ宇宙まで行かなくても、私たちだって地球に乗って回っています。ということは、自転の遠心力で万有引力を打ち消せるのではないでしょうか？

計算してみましょう。

たとえば、赤道（半径 6378 km、自転の周期 24 h）における「遠心力」は、

$$m\omega^2 r = m \times \{2\pi/(24 \times 3600)\}^2 \times 6378 \times 10^3 = 0.034\,m$$

となります。一方、同じ赤道半径に対する「万有引力」を計算すると、

$$G\frac{mM}{r^2} = m \times \frac{6.67408 \times 10^{-11} \times 5.972 \times 10^{24}}{(6378 \times 10^3)^2} = 9.797\,m$$

となります。この二つの差をとると、

$9.797\,m - 0.034\,m = 9.763\,m\ \mathrm{kg\,m/s^2}$ となり、

$9.763\ \mathrm{m/s^2}$ が地上の重力加速度となります。（残念、ゼロにはなりません。）

ちなみに、「遠心力」は地軸からの距離が遠いほど大きくなります。つまり、赤道に近づくほど「遠心力」が大きくなり、「重力」は小さくなるということです。じつは、0.2節で各地の重力加速度が異なったのは、このためだったのです。

また、「遠心力」と「万有引力」は、赤道以外では方向もずれます。（図8.12）その為、力の合成で決まる「重力」の向きは、地球の中心からずれています。

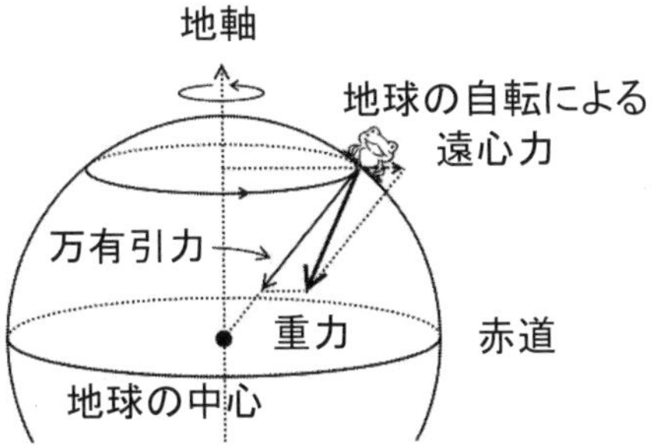


図8.12 万有引力＋地球の自転による遠心力＝重力

**i Gal（ガル）（重力加速度の単位）**

CGS 単位系における加速度の単位。国際単位系では $\mathrm{m/s^2}$ だが重力や地震の加速度には Gal の使用が認められている。落体の法則を発見したガリレオに由来する。$1\,\mathrm{Gal} = 1\,\mathrm{cm/s^2}$

## 8.10 フーコーの振り子と台風の渦（コリオリの力の例）

地球の自転は、「コリオリの力」も発生させます。
1851年、そのことを示す世界初の公開実験がパリで行われました。
実験装置の名前は、「フーコーの振り子」。（図8.10 (a)）
長時間揺れ続ける巨大な振り子で、じっと観察していると、コリオリの力によって振動の方向が少しずつずれていく様子を見ることができます。
（同様の装置は各地の科学館などでも見ることができます。）

この実験、北極点や南極点で行なえば、ちょうど一日かけて振動のずれが元に戻ります。なぜなら、宇宙から見ると、地球がちょうど一回転したときに振り子と地球の位置関係が元に戻るからです。（図8.10 (b)）
一方、この実験を赤道で行った場合、ずれは一切起こりません。なぜなら、地球の回転面は振り子の鉛直方向を向いている為、振り子がどんな方向に振動したとしてもコリオリの力は鉛直方向にしか働かないからです。
ちなみに、極点と赤道の中間にある緯度 $\theta$ 度の土地でこの実験を行えば、ずれの周期は $1/\sin\theta$ 日となります。

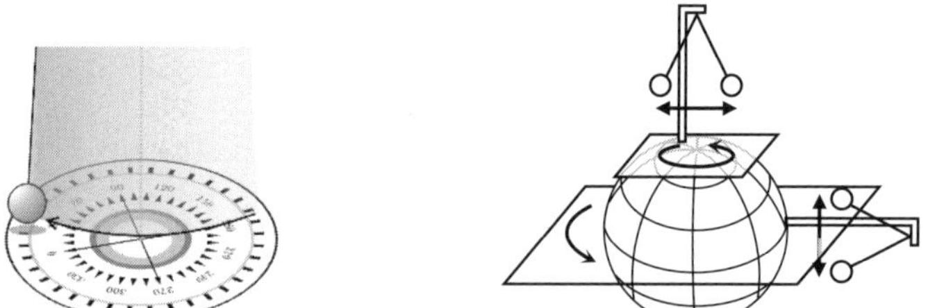

(a) 北半球で見たフーコーの振り子（実際よりずれを強調してある）　(b) 宇宙から見たフーコーの振り子

図8.13 フーコーの振り子

**i ロスビー数（Rossby number）**

コリオリの力と慣性力の大きさの比を表す値。この値が小さいとき（速度が遅い場合や、運動の規模が大きい場合）、コリオリの力の効果が大きく現れるようになる。

さらに20世紀に入ると、もう一つの証拠も撮影されるようになります。

「台風の渦」です。

熱帯低気圧の発達した姿である台風。その中心部は周囲よりも気圧が低いため、水蒸気を含んだ海上の空気がどんどん流れ込みます。

このとき、風の動きに影響を与えるのがコリオリの力です。

地球の自転を北極点の上空から見下ろすと、地球は反時計回りに回転しています。8.6節で見たように、反時計回りに回転する座標系では、進行方向に対して右向きにコリオリの力が働きます。この現象は台風の風にも当てはまり、北半球で発生した台風の風は、右へ右へと流されながら中心へ引き込まれていきます。その結果、台風は反時計回りの渦を巻くようになるのです。

… と、ここまで地球の自転を前提として、様々な現象を説明してきましたが、実際はむしろ逆。じつは、宇宙から地球を眺めることができたとしても、地球と自分、どちらが回っているのかなんて、おそらく判断できません。

なぜなら、私たちは「完全に静止しているもの」を知らないからです。

しかし、コリオリの力は、たしかに地球が回っていることを示しています。そう、こうして力学的に導かれた結論こそが「地動説」だったのです！

気象庁「衛星画像」
（https://www.jma.go.jp/jp/gms/）
を加工して作成

図8.14 台風の渦（2018年8月7日19時30分）

**i 年周視差（stellar parallax）**

地球の公転によって生じる、違う季節に同じ恒星を見たときの見える方向のずれ。
ドイツの天文学者ベッセルが1838年に観測に成功したことで、地球の公転も証明された。

### 基本問題 8.1（回転するバケツの中の水）

バケツに水を入れて、半径 1.0 m の円を描くように縦向けに等速円運動させる。
一番高い位置に来たときに水がこぼれない為には、何秒以内に一周させればよいか？

…解答…

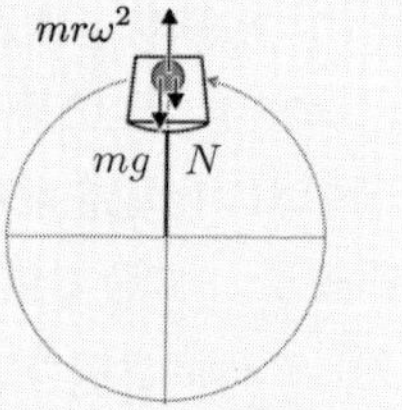


バケツが完全に逆さを向いたときに水がこぼれない為には、水に働く遠心力が重力を上回ればよい。（超過分は垂直抗力で調整される。）
よって、$mr\omega^2 \geq mg$ より、$\omega \geq \sqrt{9.8/1} = 3.1\,\mathrm{rad/s}$ 。
よって、$T \leq 2\pi/3.1 = 2.0$ より、2.0 秒以内に一周させればよい。

### 基本問題 8.2（摩擦のある回転円板）

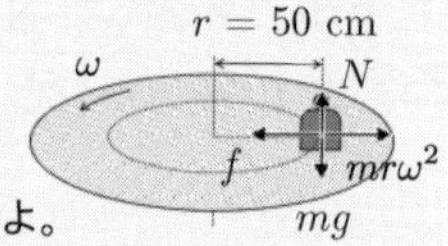


等速円運動する粗い水平な円盤がある。中心から 50 cm の位置に質量 1.0 kg の物体を静かに乗せて、角速度 $\omega$ を徐々に上げていくと 3.0 rad/s を超えたときに物体が滑り始めた。静止摩擦係数 $\mu$ を求めよ。

…解答…

遠心力 $mr\omega^2$ と摩擦力 $f$ がつり合っており、$f$ が最大静止摩擦力 $\mu mg$ を超えると滑り始める。
滑り始める瞬間、$mr\omega^2 = \mu mg$ なので、$\mu = mr\omega^2/(mg) = 0.50 \times 3.0^2/9.8 = 0.46$ である。

### 基本問題 8.3（道路のカーブと遠心力）

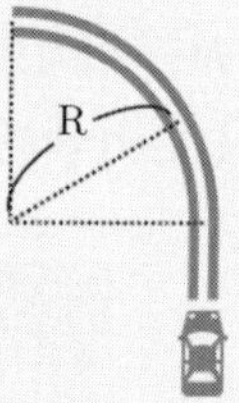


「R = 300 」という道路標識が立っている曲率半径 300 m のカーブを質量 1000 kg の車が時速 100 km で走るとき、遠心力はいくらかかるか？
また、道路からの垂直抗力を利用してこの遠心力を打ち消す為には、路面を内側に何度傾ければよいか？

…解答…

遠心力の式 $mr\omega^2 = mv^2/r$ に、車の質量 $m = 1000\,\mathrm{kg}$ 、車の速度 $v = 100\,\mathrm{km/h} = 27.8\,\mathrm{m/s}$ 、曲率半径 $r = 300\,\mathrm{m}$ を代入すると、遠心力は $mv^2/r = 1000 \times 27.8^2/300 = 2580\,\mathrm{N}$ となる。
垂直抗力で遠心力を打ち消す為には、垂直抗力の水平方向成分が遠心力と等しくなればよい。
垂直抗力を $N$ 、路面の傾きの角度を $\theta$ とおくと、

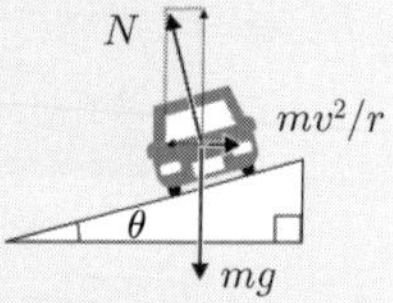


水平方向の力のつりあいの式　$N\sin\theta = mv^2/r$
鉛直方向の力のつりあいの式　$N\cos\theta = mg$　より、
$mv^2/r = mg\tan\theta$ 。
よって、$\tan\theta = v^2/(rg) = 27.8^2/(300 \times 9.8) = 0.263$ より、$\theta = 14.7$ 度傾ければよい。

ちなみに、速度が100 km/h を超えた分については、ほぼ路面とタイヤの摩擦だけで遠心力を抑えることになる。この場合、遠心力の式 $mv^2/r$ より、速度の2乗に比例して危険性が増す。

演習 8.1（遠心分離機）

回転数3000 rpm (revolutions per minute)、回転半径 100.0 mm の遠心分離機によって試料にかかる遠心力は重力の何倍か？

演習 8.2（コップの中の水）

コップに入れた水を一定の角速度 $\omega$ で回転させると水面がくぼんで二次関数の形になる。この理由を遠心力を用いて説明せよ。

演習 8.3（南半球のサイクロン）

南半球ではサイクロンの渦の向きはどうなるか？

演習 8.4（ラグランジュポイント）

未来の宇宙コロニーの建設候補地として、地球と月の引力がつりあう安定な場所「ラグランジュポイント」が注目されている。二つの星の引力がつりあう場所と言えばその中間の一点しかなさそうだが、現実には五ケ所存在する。その理由を説明せよ。

… 解答 …

演習 8.1　$mr\omega^2 = m\,\mathrm{kg} \times 0.1\,\mathrm{m} \times (2\pi \times 3000\,\mathrm{min}^{-1} \div 60\,\mathrm{s/min})^2 = 9859.6\,m\,\mathrm{N}$

よって、重力の $9859.6\,m\,\mathrm{N}/(9.8\,m\,\mathrm{N}) = 1006$ 倍である。

演習 8.2　回転する水は、重力 $m\boldsymbol{g}$ と遠心力 $mx\omega^2$ の合力（力のベクトルの合成）を受ける。

回転の中心を $y$ 軸として、水平に $x$ 軸をとれば、

水が受ける力は $(mx\omega^2, -mg)$ と書ける。

一方、水面は力に対して常に直交するので、

水面を $y(x)$ という $x$ の関数として表せば、

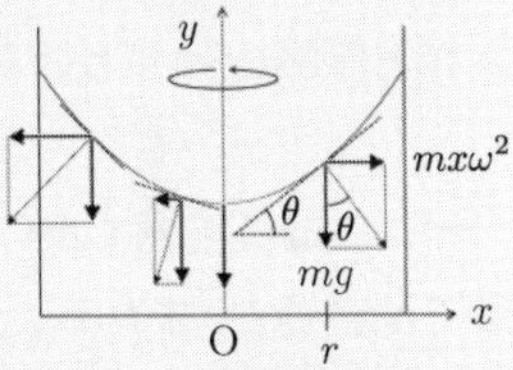


傾きは $dy/dx = \tan\theta = mx\omega^2/mg = x\omega^2/g$ と書ける。これを $x$ で積分すれば、

$$y(x) = \int \frac{dy}{dx}dx = \int \frac{x\omega^2}{g}dx = \frac{\omega^2}{2g}x^2$$

となり、形が二次関数になることが示された。

演習 8.3　地球の自転を南極点の上空から見下ろすと、地球は時計回りに回転している。その為、コリオリの力は左向きに働き、南半球のサイクロンは時計回りに渦を巻く。

演習 8.4　地球と月は、共通の重心 G を中心として等速円運動しているとみなすことができる。G を中心にして地球や月と同じ角速度で回転する座標系を考えれば、コロニーには地球と月の引力に加えて遠心力が働く。それらの合力がゼロになる点は、右図のように五カ所存在し、それらが全て「ラグランジュポイント」となる。

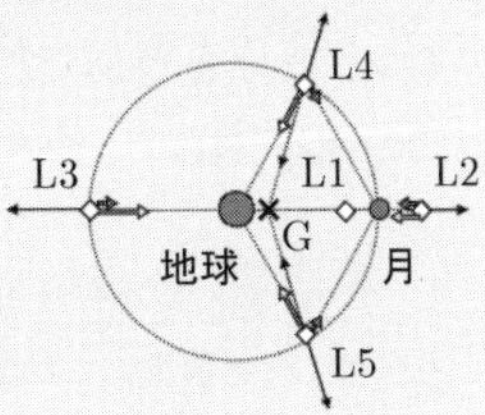

# あとがき

私たちが「力学」から学んだことって何でしょう？
何ページもかけて学んできて、得られた結論は「地球は動いている」。
知らない人が見たら、ふり出しに戻っただけのように思うかもしれません。
しかし、いまの私たちならば答えられます。
「そこに至るまでの過程にこそ、科学の価値は秘められている」と。

「運動方程式」の正体は、変化を扱う為に考案された「微分方程式」でした。暗記した公式に数字を放り込むだけの計算練習などではありませんでした。
「ベクトル」や「座標」は、多次元を文字で扱えるようにしてくれました。複雑に絡まった問題も、直交を通して見れば解決の糸口が掴めるかもしれません。
「実験」は、自然法則を発見する為の強力な手法でした。データを記録するだけの退屈作業でもなければ、面白おかしいパフォーマンスでもありません。人類と自然の知恵比べとも言うべき、興奮に満ちた探究活動だったのです。

一つの疑問を解く為に多くの工夫が生み出され、それを他の自然現象にも当てはめると、また新たな疑問が浮かび上がってくる。その繰り返しによって発展してきたのが「科学」です。
「科学」を「ただの道具」として利用するだけでも、便利な生活は送れます。
ですがそれ以上に、どうすれば目の前の現象を読み解くことができ、常識の壁を乗り越えることができるのか、その考え方を身につけることができたなら私たち自身が世界を変える「科学者」になれるはずです。
もっと世界を理解したい。 発見の感動を分かち合いたい。
この本を通じて、そんな「科学のココロ」を感じてもらえたならば幸いです。

**i 科学者（natural philosopher / scientist）**

古くは、自然現象について思索する人々は natural philosopher と呼ばれていた。その後、科学を生活の糧とする人々が現れたことを受けて、1834年、scientist という造語が作られた。

# 参考ホームページ


i. 『Science Window 科学するこころを開く 2010年初夏号(6-7月)』
科学技術振興機構(JST)

ii. 『国際単位系(SI)』
産業技術総合研究所 計量標準総合センター(AIST, NMIJ)

iii. 『ファン!ファン!JAXA!』宇宙航空研究開発機構(JAXA)

iv. 『地理院地図Globe』 国土地理院(GSI)

v. 『気象衛星』 気象庁(JMA)

vi. 『貴重書電子展示室』 京都産業大学 図書館


# 参考書


1. 『理科年表 平成29年』 国立天文台(編著); 丸善出版
2. 『高校数学公式活用事典』 岩瀬重雄(著); 旺文社
3. 『ケンブリッジ 物理公式ハンドブック ポケット版』 Graham Woan(著)、堤正義(翻訳); 共立出版
4. 『学術用語集 物理学編』 文部省 日本物理学会(編); 培風館
5. 『人物でよむ 物理法則の事典』 米沢富美子(監修、編集)他; 朝倉書店
6. 『サイエンス大図鑑 コンパクト版』 アダム・ハート=デイヴィス(総監修)、日暮雅通(監訳); 河出書房新社
7. 『図説 世界を変えた書物 科学知の系譜』 竺覚暁(著); グラフィック社


i **名言・格言 (by ニュートン)**

「私には自分が海辺で遊ぶただの少年のように思える。未発見のまま広がる真理の大海を前にして、時折、滑らかな小石やかわいい貝殻を見つけて楽しんでいるに過ぎないのだ。」

# 索引

言葉の意味や起源、人物、歴史の解釈には諸説あります。
また、紹介した計算は、それぞれの結果が導かれた過程を現代の数学で解釈し直したものであり、当時の計算を厳密に再現したものではありません。
歴史的、数学的に正確な記述を求める場合は、原著論文または専門書をご参照ください。

**著者略歴**

久田　旭彦　（ひさだ　あきひこ）

2005 年：京都大学　理学部理学科卒業

2010 年：京都大学大学院　博士課程修了　博士（人間・環境学）

同年：東京大学物性研究所　特任研究員

日本科学未来館　科学コミュニケーター　を経て

現在：徳島大学理工学部　講師

Special Thanks

日置善郎　小山晋之　真岸孝一　齊藤隆仁　平田晶子　森野瑛介

國次純　後藤成海　中井努　新山加菜美　西田あゆみ　門田英子　（敬称略）

くわしい科学入門　大学の物理・力学

2021 年 3 月 10 日　初版第 1 刷発行

2023 年 3 月 20 日　初版第 2 刷発行

著　者　久田旭彦

発行者　吉岡　誠

〒606-8225 京都市左京区田中門前町 87

株式会社　吉岡書店

電話(075)781-4747/振替　01030-8-4624

印刷・製本亜細亜印刷㈱

ISBN978-4-8427-0374-9